自然風庭園のつくり方

豊富な作例でわかる実践テクニック

秋元通明 著

誠文堂新光社

ブックデザイン／米倉英弘＋橋本葵（細山田デザイン事務所）
編集協力／宇津木聡史
校正／金子亜衣

はじめに

　本書では、自然を手本にした庭づくりである「自然風庭園」を題材に、図案をさまざまな形に展開し、庭の見方、感じ方がどう変わるかを考えてみようと試みた。

　庭園の良し悪しは、材料の価値で決まるものではなく、また、表現した意匠にも、唯一の正解というものはない。筆者が手掛けた庭の中にも、後日改めて眺めたときに「あの箇所はこのように変えた方がよかった」と気づくこともある。

　つまり、庭づくりにおいては、依頼者と作庭者の互いが納得した意匠であれば、それは良い作品であり、批判することはない。しかし、本書で示すような考え方、方法を一度身につけることは、きっとさまざまな条件に合わせて、よりよい庭をつくる一助になるはずだ。

　本書が庭づくりに関わる方々、庭の見方について知りたい方々にとって、少しでもお役に立てば幸いである。

秋元通明

目次

本書の見方

　本書では、自然風庭園の図案をさまざまな形に展開しながら、素材や配置の部分的な変化、全体の印象の変化、注意点などについて解説していく。それぞれの例を見比べ、解説を読むことで、より良い庭づくりの指針を得ることができる構成とした。

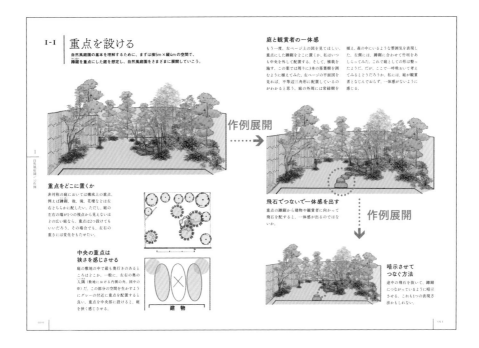

作例ガイドについて

作例には「良い例」や「避けたい例」など、ガイドを付したものがある。
作例の良し悪しを一概に判断することは避けたいが、読者の利便性を考え、指針を得やすいよう、以下の基準に沿ってガイドを付している。

良い例：作例の1案として、良いと考えられる例。

避けたい例：部分的、あるいは全体的に改善すべき点が明確にある例。

要一考：良し悪しの判断が難しいが、改善する余地のある例。

図面中の記号について

本文中の図面に記載されている記号は以下を表す。

※樹木の黒い点は幹の根元の位置を示す。

：常緑樹

点が中心にある場合、
樹木はまっすぐ

：落葉樹

点が中心より右側にある場合、
樹木は左に反っている

：水鉢

第1章

自然風庭園 47の作例

第1章では、まず自然風庭園の要点を
いろいろな作例から感じ取っていただ
きたい。同じ空間の庭でも、自然風庭
園はさまざまに構築することができる。
その多様な展開を通して、自然風庭園
とはどのようなものかをつかんでいた
だければと思う。そして、自分にとって
の「自然風」の基礎をつくってほしい。

「自然風」とは何か?

これから自然風庭園の要点について、例示を交えながら説明していくが、
その前に自然風庭園とは何かを簡単に説明しておこう。

自然を手本にした庭

　庭づくりというのは、どのように始まったのだろうか。私は、庭づくりを専門にしているが、「庭の歴史」の専門家ではないので、詳しい歴史については、他の研究書※などをご覧いただきたいが、私は作庭を長く続ける中で、庭づくりは自然を手本にすることから始まったのではないかと思うようになった。

　例えば、山や海に行って美しい自然の風景を見たとき、どうするだろうか。現代であれば、写真を撮るのかもしれないが、昔の人たちはどうしたのだろうか。中には、その景色を持ち帰りたいと思った人もいたと思う。

　もちろん、景色を持ち帰ることはできない。だから、当時の人たちはその景色を手本にした庭をつくろうと考えたのではないか。

　かつて、人は自然を手本にした庭をつくり、その中でたたずみ、まるで山の中にいるような気持ちになっていたのかもしれない。

　庭をつくる時点で手を加えているから、自然そのものではない。ただ、自然を手本にし、自然がもつさまざまな印象を感じさせるものとして、私はそれを「自然風庭園」と呼んでいる。

明治時代に生まれた新しい作庭の流れ

　日本の庭は、仏教が伝来したり、政権を武家が担ったりするようになる中で、その姿が変わっていった。思想や教えが反映されたり、表現されたりするにつれ、「硬く」なっていった。

　しかし、武家社会が終わり、明治の時代に入ると、新しい庭をつくり始める人たちが出てきた。私の師匠である小形研三（1912-1988）が師事した飯田十基（1890-1977）もその1人だった。飯田は、それまでの庭のつくり方とは異なるやり方で、例えば仕立てた高価なマツではなく、山や雑木林に生えているような樹木、いわゆる雑木を用いて、繊細でやわらかい庭をつくった。それは、自然を手本にした庭の復活でもあった。

　同様の庭をつくり始めた作庭家は、おそらく日本のさまざまなところで活躍していたと思われるが、1945年に戦争が終わると、彼らが手がけたような「自然風」の庭が多くの人に求められるようになった。

　自然風庭園が多くの人に求められた背景には、コストの低さもあったのだろう。

※　一例のみ紹介すると、平安時代に書かれた日本最古の庭園書といわれる『作庭記』では、作庭に際しての3つの基本理念が紹介されており、そのうちの1つには「立地を考慮しながら、山や海などの自然景観を思い起こし、参考にする」というものがある。

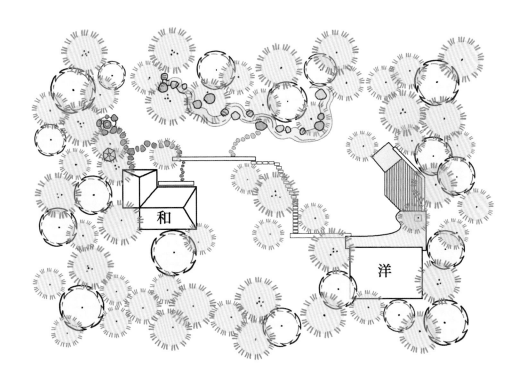

自然風庭園で用いる樹木は、仕立てたマツやマキに比べれば、はるかに安い。それほど多くのお金をかけなくても、自然の美しさを庭に取り込むことができたのだ。この新しい作庭の流れの中で、飯田や小形は多くの庭をつくり、幸いにも私は小形の弟子として師匠の仕事を支える機会を得た。

自然風庭園とは

「自然」の中にあるならば、和風の建築物や灯籠、蹲踞が配置されていても、洋風の建築物や添景物があっても、その景色には何ら違和感がないと私は思っている。

「和風」「洋風」という観点ではなく、「自然風」であることを要とする。そうすれば、建物や添景物が洋風であろうと和風であ

ろうと、「自然」の景色に収まればすべてがうまくなじむ。そうした1つの考え方、様式としても、私は「自然風庭園」を示したい。

もし、庭の中に、自然の美しい景色をそのまま取り入れることができたら、人間は何もしなくていい。しかし、自然を切り取り、ある特定の空間に収めることは、まず不可能だ。だから、人工的ながらも、いかに自然に近づけるかが重要になってくる。

では、どうすれば自然に近づくことができるのか。これを言葉で説明するのはなかなか難しい。そこで第1章では、1つの敷地を想定して、いろいろな形の自然風庭園を展開した例を示したいと思う。多くの作例展開とそれぞれの違いから、自然風庭園とはどのようなものかを感じ取っていただきたい。

重点を設ける

自然風庭園の基本を理解するために、まずは横5m×縦4mの空間で、
蹲踞（つくばい）を重点にした庭を想定し、自然風庭園をさまざまに展開していこう。

重点をどこに置くか

非対称の庭においては構成上の重点、
例えば蹲踞（つくばい）、池、滝、花壇などは左
右どちらかに配したい。ただし、庭の
左右の端が1つの視点から見えないほ
どの広い庭なら、重点は2つ設けても
いいだろう。その場合でも、左右の
重さには変化をもたせたい。

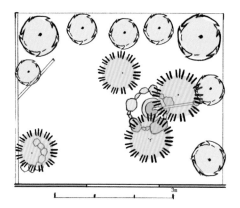

中央の重点は
狭さを感じさせる

庭の敷地の中で最も奥行きのあると
ころはどこか。一般に、左右の奥の
入隅（いりすみ）（敷地における内側の角。図中の
●）だ。この部分の空間を生かすよう
にグレーの付近に重点を配置すると
良い。重点を中央部に設けると、庭
を狭く感じさせる。

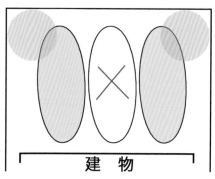

建　物

庭と観賞者の一体感

もう一度、左ページ上の図を見てほしい。重点にした蹲踞をどこに置くか、私はいつも中央を外して配置する。そして、植栽を施す。この案では周りに3本の落葉樹を囲むように植えてみた。左ページの平面図を見れば、不等辺三角形に配置しているのがわかると思う。庭の外周には常緑樹を植え、森の中にいるような雰囲気を表現した。左側には、蹲踞に合わせて竹垣をあしらってみた。これで庭としての形は整ったようだ。だが、ここで一呼吸おいて考えてみるとどうだろうか。私には、庭が観賞者となじんでおらず、一体感がないように感じる。

飛石でつないで一体感を出す

重点の蹲踞から建物や観賞者に向かって飛石を配すると、一体感が出るのではないか。

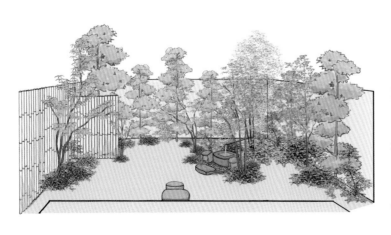

暗示させてつなぐ方法

途中の飛石を抜いて、蹲踞につながっているように暗示させる。これも1つの表現方法かもしれない。

庭と建物の一体感を高める

庭と建物は一体である。人は、建物から庭に入っていくことができるし、
庭から建物を眺めることもできる。庭と建物、そして人をいかにつなぐかを
考えてみよう。

延段で接点を広くする

建物側に延段（石を隙間なく敷き詰めて
つくった通路）を設けてみた。こうする
と接点を広くすることができ、建物と
庭がつながり、一体感が増す。庭に落
ち着きが出たのを感じられないだろう
か。

真、行、草

美意識の基準を表す言葉に、真、行、草とい
うものがある。最も格式の高い真に対して、少
しくだけたつくりを行、さらに簡略化したつく
りが草といわれ、造園でも用いられてきた。例
えば、桂離宮古書院御輿寄前の延段は、角の
ある切り石を用いた、重厚で端正な雰囲気の
つくりであり、「真の延段」と呼ばれている。

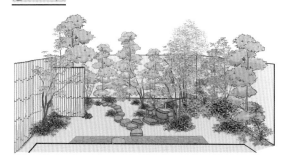

奥行きを
出したかったが……

左側の袖垣（そでがき）の奥に行ってみたいと思わせるため、水鉢に向かう途中に、踏み分かれの飛石を打ってみた。しかし、主である蹲踞の存在感が薄れてしまった。

飛石の左奥を
あられこぼしに

飛石とゴロタ（小石）を用いて空間をつないだ。左奥は、あられこぼし（さまざまな形の石をざっくりと並べたスペースや道）で表現。しかし、重点の水鉢の表現が負けてしまった感がある。

左奥に余韻を残す

左方向の飛石の途中で一石だけ抜くことで余韻を残してみたが、この方法でも奥に行ってみたいという印象は生まれないだろうか。

I-3 狭い庭で躍動感を表現する

狭い敷地で庭をつくる場合、躍動感を表現するにはどうすればよいだろうか。
石材や樹種をどう用いれば、自然風庭園にふさわしい意匠になるか、考えてみよう。

袖垣で斜めの
テラスを受ける

庭の左の袖垣（そでがき）は、テラスの六方
石（六角形に近い柱状の石材）の斜
め線を直角に受け止めるように
配している。ただ、もし斜め線
のテラスがなければ、袖垣は垣
根に対して直角に出したほうが
ふさわしいかもしれない。

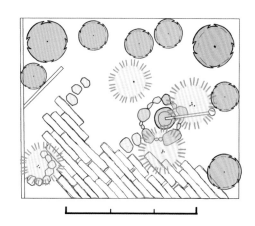

六方石で
広いテラスを設ける

一考するにあたって最初に浮かんだアイデアは、この狭い敷地に広いテラスを設けるというものだった。蹲踞と植栽は現状のまま、テラスで庭と建物をつなぐ。あえて斜めの線で表して庭に躍動感を感じさせて、蹲踞までを飛石でつなぐ。テラスの斜めの線を出すには、太さや長さが一定でない、野趣を感じさせる六方石のような素材を用いる。そのほうが自然風庭園にふさわしいだろう。

自然石をちりばめる

左図では、左手前の土留（段差のある場所で、土が崩れることを防ぐために設置される構造物）で自然石を使ってみた。蹲踞周りの役石と同じ素材を用いたほうが、違和感がないと考えた。この2カ所だけでなく、庭の後方や右側にも同じ自然石を少し散らして統一感を出している。構造物の配置が終われば次は植栽となる。敷地奥の左右の入隅には、少し大きめの常緑樹を配置して背景をしっかりと受け止めたい。このとき、その左右の樹木は同じ大きさにはせず、少し変化をもたせたほうが良いだろう。蹲踞の周辺にはカエデやソロ、ヤマボウシなどの落葉樹がふさわしいと思う。雰囲気は変わるが、他にも常緑樹のソヨゴやカシ類の株立ち、マツやマキなどを用いても良いだろう。ただし、樹種が変わる場合には、樹形を揃えたい。

I-4 │ 狭い庭に
大きな重点を設ける

狭い敷地だと小さなものを置きたくなるが、重点を大きくすると
景色が引き締まって空間が広く感じられ、全体として安定感が出る。

重点の水鉢を大きくする

狭い空間では小ぶりの水鉢になりやすいが、上図のように、あえて大ぶりの水鉢を選んでも良いと思う。景色に見応えが出るはずだ。お気に入りの水鉢でも、すべてを見せることはせず、手前に植えた樹木から透けるように見せたい。そうすることで、蹲踞の良さや庭の広さをいっそう感じさせることができるだろう。ただし、自然石や灯籠といった素材の1つや2つをそのまま見せることも、ときには許されると思う。

避けたい例

張り合うものは置かない

大きな水鉢があるからといって、大きな筧（竹や木、石材などで水を導く仕掛けのある装置、樋）を用いてしまうと、張り合ってしまい、互いの良さが出ない。

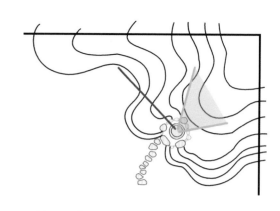

筧の位置は
山の勢いに沿って

敷地の中で重点の蹲踞が右側に配置
されたときは、私なら水鉢の右奥に
深山（人里から離れた奥深い山を想像さ
せる盛り土）をつくる。そして、その
山の勢いとして水が水鉢に注がれる
ように筧を配したい。図中の緑色の
範囲から筧を通すと、自然に感じる
のではないか。赤線の方向からだと、
山の勢いに逆らう。

不自然な筧の流れ

筧を細いものにすると、重点
の水鉢の存在感を邪魔しなく
なった。しかし、蹲踞の右奥
に庭の勢いの源があるとする
ならば、筧の向きが不自然に
感じないだろうか。

避けたい例

I-5 重点の素材を花鉢に変える

ここまでは蹲踞を重点にしてきたが、周囲の植栽は変えず、重点を花鉢に変えてみよう。庭に置いたときの存在感と違和感はどうなるだろうか。

要一考

垣根の素材を変える

花鉢の雰囲気に合わせて、左側の竹垣を別の垣根に変えた。竹垣に比べて統一感が出たのではないか。素材は木製品で連子に組んでみたが、好みのものでも良い。ただし、自然石の飛石に少し違和感がある。花鉢の存在感がやや負けているかもしれない。

自然風庭園は素材で
雰囲気を切り替えられる

前項までのように、蹲踞がある場合、一般にいう「和風庭園」の雰囲気だった。しかし、重点を花鉢に変えると一気に洋風に変わり、しかも違和感がない。これが「自然風庭園」の特徴の1つだ。素材は和のものでも洋のものでもしっくりくる。ただし、いくつかある素材の中で和と洋を思慮なく混在させてはいけない。

蹲踞を花鉢に変える

前項のテラスや植栽はそのままに、重点の蹲踞を花鉢に変えた。それだけでほぼ違和感なく雰囲気を変えることができたと思うが、いかがだろうか。ただし、このままの状態では竹垣にやや違和感がある。竹材も自然の素材なので強い違和感はないが、もう少しふさわしい素材がないか検討したい。

飛石の自然石を
別のものに

自然石の飛石をやめて、方形の石に変えてみた。これだけで雰囲気がかなり変わる。重点の花鉢が飛石となじんできた。

良い例

重点の素材を灯籠に変える ①

重点を灯籠にしたらどうなるだろうか。自然風庭園で何よりも大切なことは、
重点の位置、植栽の配置、近景の扱い方を考慮することである。

重点を灯籠にする

重点の素材を花鉢から灯籠
に変えてみた。重点の位置
や植栽の配置は同じままだ。
これも違和感はないと思う
が、いかがだろうか。

良い例

重点を彫像にする

重点に彫像を配置しても違和感はない
と思う。重点の位置、植栽の配置、近
景の扱い方を考慮できていれば、素材
が変わっても「自然風」であることに変
わりはない。また、素材によって変わる
印象の変化を楽しみたい。

良い例

蹲踞付近に生け込み灯籠を据える

明かり取りの灯籠を蹲踞近くに据える
ることがあるが、やはり蹲踞よりも存
在感の強い素材は避けたい。生け込
み灯籠（基礎がなく竿・柱を地中に埋め
込んでいるもの）が良いのではないか。
位置は筧の竹の手前付近が良いよう
だ。

灯籠を左側に据える

この図の庭では灯籠を左側に据える
のも良いと思う。ただし、観賞者の
視点から灯籠と蹲踞の距離が等しく
ならないようにしたいので、灯籠は袖
垣付近に据えたほうが良い。灯籠の
手前には落葉樹を配しても良いだろ
う。

良い例

I-7 | 重点の素材を灯籠に変える②

重点の蹲踞を維持する場合は、灯籠をどのように配置するか。
仮に、灯籠を2つに増やすとどうなるか検討してみよう。

避けたい例

灯籠を2つ
配置する

右側にも左側にも同じような大きさの灯籠を配置した
（上図）。このとき、1視点から同じような距離に2つの
灯籠が見えてしまうようであればこの形は避けたい。
重点が水鉢なので、下図のように、蹲踞近くの灯籠は
維持し、左側の灯籠を控えめに据えてはどうか。

良い例

重点の存在感に
勝るものは用いない

上図は、何を重点にして作庭したかを忘れ、蹲
踞よりも灯籠の存在感が勝ってしまった例だ。灯
籠を他の素材に変えたとしても、存在感が勝るも
のを用いるのは避けたい。また、幅が広い敷地な
ら、灯籠を左端に置き直しても良いと思うが、下
図のように、1視点から灯籠と蹲踞の両方が見え
てしまうような、大きな素材の配置は避けたい。

重点は明瞭に

蹲踞に添える素材について、その
配置が良くても、重点である蹲踞
の存在感を圧倒してしまうような、
大きな灯籠などの素材は避けたい。
何が重点であるか、明瞭にするこ
とを常に意識しよう。

I-8 | もう一度、最初から考えてみる

自然風庭園の要点の1つは重点を定めてぼかさないこと。これまでの作例案を一度リセットして、基本を改めて確認してみよう。

避けたい例

水鉢に役石を置く

水鉢の手前の飛石を大きな役石（前石）に変えてみた。しかし、水鉢を圧倒するような大きな役石（前石、手燭石、湯桶石など）は水鉢の良さを消してしまう。このような使い方は避けたい。

良い例

重点を自然石にする

自然石を右重点付近に多く据えるのも、雰囲気は変わるが良い案だ。その他の場所にもさまざまな大きさのものを据えると良いだろう。

避けたい例

重点と緩急

左図のように、重点と非重点の緩急がない景色は圧迫感があり、重苦しさが生じてしまうので、緩急をつけるようにしたい。

蹲踞を左側に配置する

テラスを残し、右側にあった重点の蹲踞を左側に据えた。蹲踞を左へ移したことで、右側の空間がさみしくなったので、背景に竹垣と同じ素材で袖垣をつくり、灯籠を配置した。この場合、重点の位置は良いのだが、テラスの方向線が蹲踞に直接向かっていることで、勢いがやや鋭くなってしまった。

テラスの方向線を
建物と平行に

テラスの方向線を変えたことで、落ち着いた雰囲気になった。

良い例

張石のテラスや
敷砂利の空間にする

テラスの石の素材を変えるというやり方もあるだろう。
自然風庭園の基本が守られていれば違和感はないはずだ。

張石を用いる

六方石テラスの代わりに丹波石（たんばいし）や鉄平石（てっぺいせき）など、表面が平らで板状の素材を張石として用いても良いと思う。テラステーブルや椅子を置けば、庭の使い勝手も良くなるだろう。

丹波石と鉄平石

丹波石：兵庫県で産出する。材質は輝石安山岩で表面は灰色。板状のものが一般的。
鉄平石：長野県諏訪地方で産出する。材質は輝石安山岩で赤茶色。板状の天然石材。

良い例

敷砂利を
敷設する

敷砂利にしても良いかもしれない。芝生などの地被類も良いかと思う。

自然風庭園における植栽

ここからは自然風庭園の植栽について、いろいろと例示していこう。
まずは重点周りの植栽だ。ここでは基本である3本の樹木を不等辺三角形で
配置してみた。

水鉢周りに
3本の落葉樹を配す

蹲踞の周りに大、中、小の3本の落葉
樹を配置した。蹲踞の右奥の1本を一
番大きなもの（真）としている。蹲踞
の手前には、1本立ち、あるいは株
立ち（根元の地際から3本以上の幹が立
ち上がっている樹形、あるいはその形を
した樹木）の中程度のものを置き、さ
らに蹲踞の左には小さいものを配置
した。

避けたい例

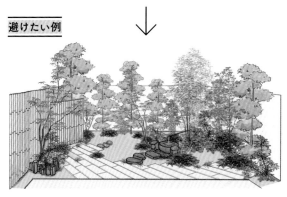

水鉢の手前の1株を外すと……
3本組みで配置した手前の1株を外して2本組み
にすると、樹木が蹲踞の奥で並んで見えてし
まう。これによって庭が平面的になり、奥行き
が感じられなくなってしまう。また、手前の株
立ちの1本がないことで水鉢がすべて見えてし
まい、味気ない雰囲気にもなってしまう。

狭い敷地で表現する植栽の基本形

狭い庭の場合、配置できる植栽や添景物の数が限られる。しかし、減らしすぎてしまうと、かえって奥行きがなくなってしまう。

蹲踞周りで手前以外の樹木を外す

蹲踞周りに不等辺三角形で配置した3本の落葉樹のうち、奥の2本を外し、手前の近景の1本のみを残してみた。庭の植栽に使える空間が少なく、奥行きもないときは、このように近景の樹木のみ植えることで、最低限の雰囲気はつくることができる。

避けたい例

左側手前の落葉樹を外してみたが…

左側手前の落葉樹を外してみると、少しさみしい印象になり、奥行き感が失せた。蹲踞の周りに落葉樹が集中したことで、左側手前の間が抜けてしまい奥行き感がなくなってしまった。やはり左側手前には植栽がほしい。

良い例

重点の蹲踞を
やめたときの方法

植栽は現状のままで、蹲踞をやめ、重点として灯籠のみを奥に配置した。飛石は手前から奥へ、次第に消えていくように配置し、山奥に入っていくような雰囲気を表現した。この景色も代案として良いのではないか。

中間に奥が見える
垣根を設ける

こちらも植栽は現状のままで、右側の中間付近に四つ目垣のような低い仕切りを設けた。透ける垣根で前後を仕切ると奥行き感が増し、自然な雰囲気が維持された。

良い例

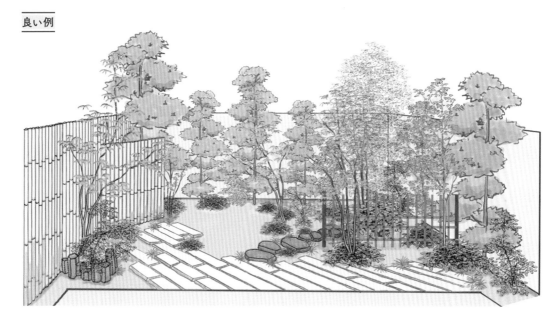

I-12 | 光悦寺垣で
奥行きを出す

前ページの垣根で見たように、空間の中に低い仕切りをつくると、
奥行き感が出る。仕切りとなる垣根にはいろいろなものがあるが、
ここでは**光悦寺垣**を用いた方法を紹介しよう。

右側の中間に
光悦寺垣を配す

垣根を手の込んだ光悦寺垣
にしてみた。これによって、
垣根の裏側に行ってみたい
と思わせることで、奥行き
を感じさせることができる。

良い例

光悦寺垣の手前に
蹲踞を置く

敷地に余裕があれば、光悦寺垣の手前
に水鉢を組みたい。このような景色も1
案として良いと思う。

1
自然風庭園47の作例

光悦寺垣について

まず垣根の下拵えとして太竹を幅約6cm
に割り（私は山割り竹を用いている）2枚を
合わせて1組として格子状に組み合わせる。

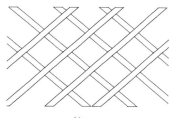

半割合わせ　　　　　　**格子**

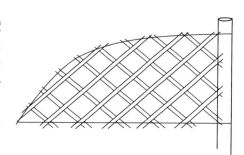

次に太さ直径約15cmの柱を用意して、これを所定の位置
に生け込む。なお、柱の位置は建物の壁や塀に添うように
し、垣根の出だしが庭の中で突然現れたり、中途半端にな
らないように注意したい。柱の立て込みが完了したら、合
わせた竹を固定するため、私の場合、図の赤線で示したよ
うに12mmほどの鉄筋を使っている。この鉄筋の前後に、
表・裏2枚合わせた竹を針金などで固定する。

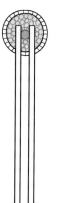

左図は断面図で、赤印は鉄筋である。上の円形は
玉縁といい、黄色は玉縁の太さを維持する詰め物で、
私の場合はヨシズを用いて仮留めを行い、玉縁の
表面仕上げは長い太竹を幅約2cmに割り、取り付
ける。このとき幅が広いと、直線の部分は良いが、
曲線部分で苦労する。太い柱にも割竹で化粧する。
下の鉄筋部分には太竹を割り押縁（打ち）とする。
2枚合わせた格子状の交点はシュロ縄（なわ）で結び、玉縁
も好みの方法で結べば完成だ。

水平部分をある程度保つ

私がつくるものは、柱からの水平部
分をある程度保つようにする。また、
編み目の菱形は、横幅が縦幅より少
し長くなるようにつくる。

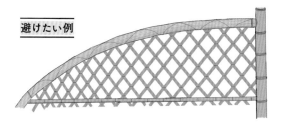

**菱形の
縦を長くすると…**

上図のように、菱形の縦が
長いと鋭く張り詰めた雰囲
気になり不安定さを感じる。

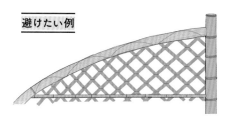

**水平部分が
少ないと……**

水平部分が少ないと、光
悦寺垣のやわらかい優雅
さが感じられない。

I-13 | 重点となる蹲踞を空間の 中央部に配置したとき

自然風庭園を構想する上では、基本的に、重点を中央部に置くのは避けたい。だが、庭によってはそうせざるを得ないこともある。そのような場合にはどうするかを考えてみよう。

避けたい例

重点の蹲踞を 中央に組むと…

重点の蹲踞をほぼ中央に組んでみた。どう感じるだろうか。私には、庭の要素がすべて見えてしまい、味気なく感じる。そのため、基本的にはこのような配置は避けたい。

良い例

避けたい例

蹲踞の手前に
樹木を配置
しても…

丸見えだった蹲踞の手前に樹木を植えてみた。しかし、その効果を得るより、むしろ少し目障りになってしまったように感じる。蹲踞が正面を向いてしまったのが一因だろう。やはり中央部は避けたいように思う。

手前の中央に蹲踞を置く

手前にテラスがあるので、敷地手前の中央部に蹲踞を設けてみた。狭い敷地の場合、重点を中央部に配置せざるを得ないこともある。「重点は中央部に置かない」と安易に否定することは避けたい。蹲踞の前石をテラスの一部に取り込むとなじむようだ。厳しい制約の中で全体の調和を意識しながら、いかに個々の要素を見せるかを考え、最良の景色が浮かぶまでが楽しい。

I-14 | 角形の水鉢を置く

水鉢には形や色などさまざまなものがあり、ここまで見てきたような
円形以外にも、作庭家や施主の好みによっていろいろなものが用いられる。
奇をてらうような形や色は自然風を表現するには不向きだが、
円形以外の一例として、ここでは角形の水鉢を見ていこう。

水鉢を円形から角形に

直線のテラスの近くに水鉢を配置し
たい場合は、円形の水鉢よりも角形
の水鉢のほうが、互いの線がなじむ。

良い例

水鉢の前石を横に据える

こうすると、水鉢の手前に株立ちを
植えることができる。落ち着きが出た
のではないだろうか。

水鉢を右側に移す

中央部を避けたので、うっとうしさが
なくなり雰囲気も良くなった。植栽は
3本を基準に配置するとよく、1株を
手前に植えると、さらに良い。

良い例

入隅に水鉢を据える

図のようなテラスがすでに出来上が
っている場合は、テラスの入隅近く
に水鉢を据えても映えるだろう。また、
庭の右側から眺めるとテラス前方が
さみしいので、花鉢を置いても良い
だろう。

水鉢の背後に植栽すると…

上図では水鉢の背景に空間があって
重点の良さが感じられた。ここで、空
間があるからといって、下図のように
水鉢の背後に植栽し、空間を埋めて
しまえば、その空間がもたらしていた
強弱や濃淡の効果がたちまち薄れて
しまうので避けたい。

避けたい例

見えないからこそ
広がる庭

実際よりも広い庭に感じたか

自然風庭園に「唯一の正解」というものはない。ただし、良い庭にするための指標のようなものはある。その中で一番わかりやすいのは「庭を作ったことで広く感じられるようになる」ことだ。

例えば、100㎡の庭をつくったとき、それをはじめて見た人が「この庭の広さは150㎡ぐらいですか」と言ってくれたなら、その庭はおそらく成功したものになっているはずだ。

反対に、広い敷地の庭でも、素材が多すぎたり、配置がうまくなかったりすると、雑然として、かえって狭い印象を与えてしまう。とはいえ、何もないと、のっぺりとした印象になってしまうだろう。隣地の樹木、あるいは遠景の素晴らしい景色を借景として取り入れることも考えたい。

想像の余地をつくる

狭い庭でも、やり方によってはとても広く見せることが可能だ。一部にあえて垣根を設けて仕切り、そこから奥が少し透けて見えるようにすると、空間が広がり始める。あるいは、株立ちの樹木を置いて、敷地の境界をぼかす。すると奥行き感が漂い始める。いかに庭を見る人に想像させる空間をつくるか。そんな空間をつくることで、庭はどこまでも広がっていく。

例えば飛石だ。途中まで打って、最後のほうではわざと一石抜かす。そして、最後に小さめの石を1つ打つ。このような工夫をすると、その先に敷地がなくても、想像させることで空間が広がるのだ。途中で1つ飛石が抜けていると、「かつてそこにあった石が、今はなくなってしまったのかもしれない」と思わせることもできる。こうして時間の広がりも感じさせるとなお良いだろう。

飛石を袖垣の方向に打つ
石を袖垣の方向に打つと、その奥に空間が広がっているように感じられる。狭い庭でもこのような工夫はいろいろとできる。飛石はすべて打たず、あえて最後の1つ手前を抜く。昔そこに石があったと思わせることで、時間的な広がりも感じさせたい。

第2章

見えない線で素材を結ぶ

　作庭家は、庭をつくるとき、樹木や石などを素材として置いていく。その点から生まれる線や形をいかにつくるか。作庭における要点の1つは、全素材の配置と調和にある。観賞者は庭にあるさまざまな素材を点として捉え、それらを見えない線で結び、形にして感じ取っている。作庭家は、庭のどこに点を打ち、観賞者にどのような線や形を捉えてもらうようにするかを常に意識しなければならない。素材を見えない線で結ぶ。そのやり方には、いろいろな方法や考え方があるが、私なりの方法や考え方をこの章で示したい。

2-1 | 自然風植栽の基本は
不等辺三角形

樹木の配置は庭園の印象を大きく左右する。何を植えるか、
いかに置くか、何本配置するか、大きさはどれくらいにするか。
組み合わせは無限にある。

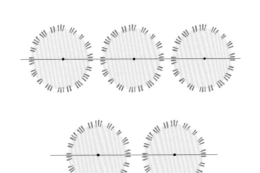

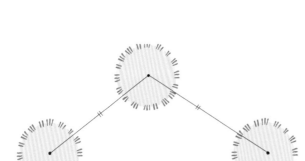

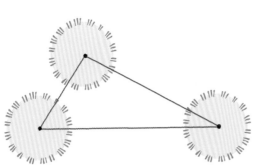

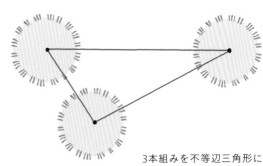

3本組みを不等辺三角形に配置。鈍角が上になっても下になっても、どの位置でも良い。

最小の単位は1、次は3

庭園に樹木を植えるとき、多くの場合は数本、あるいは数十本を組み合わせて全体として鑑賞する。庭の中には、独立樹として1本だけを用いて完成とし、それを鑑賞するという庭もあるが、まれだ。最小の単位は1、次は3（左図上）の組み合わせで、左図下のような2本は避ける。

直線や等辺は避ける

自然風庭園では「自然の中に直線はない」と考える。2本という組み合わせは、どこから見ても直線になるので避けたい。もちろん、3本組みであっても、まっすぐ並べることは避けたい。また、左図のように樹木の間が同距離の二等辺三角形になってしまうと自然の雰囲気を表現しにくい。そこで、左下や下の図のように、不等辺三角形を描くようにすると、自然の雰囲気が生まれる。

2 見えない線で素材を結ぶ

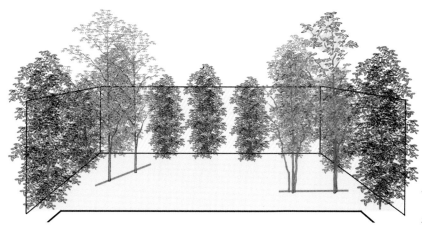

2本組みの樹木が一直線に
なっている。自然に感じら
れない。

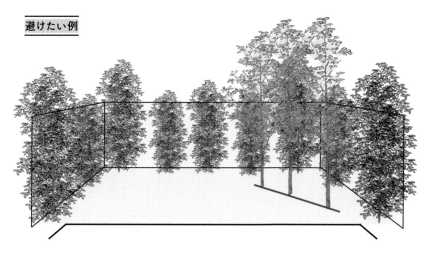

2本組みを避けて3本組みと
したが、配置が一直線のま
まであり、やはり自然に感
じられない。

一直線の配置を避けたが、樹
間の距離が等しく二等辺三
角形になってしまった。

建物からの距離に変化をつける

建物から2本の樹木までの距離が同じになると、野趣に欠ける。樹木の高さも同様で、同じ高さにするのは避けたい。大切なのは自然の良さを表現することだ。

避けたい例

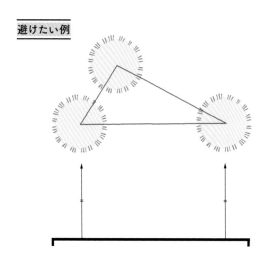

良い例

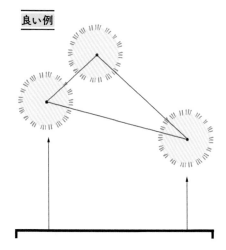

建物からの距離を等しくしない

不等辺三角形の手前の2本が建物や通路などの構造物に対して平行にならないようにしたい。これは重要視点から見たときにも同じことが言える。主要な樹木は、右上図のような配置

の不等辺三角形が考えられるだろう。ただし、作庭に臨むにあたっては、樹木だけでなく、常に周囲の構成に注意を払って植栽をしていきたい。

避けたい例

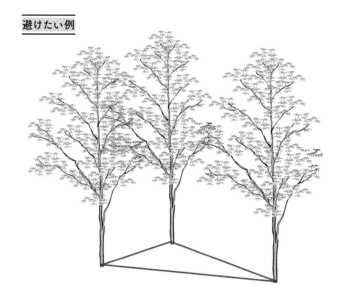

樹木の大きさや高さに変化がない

不等辺三角形の配置が良いとしても、樹木の大きさや高さがどれも同じようでは自然風の趣が出にくい。大きさや高さにも変化を与えたい。

良い例

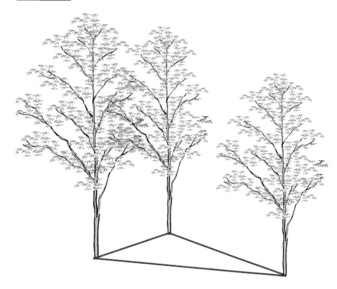

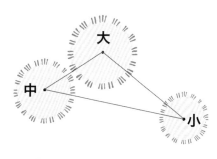

鈍角となる中央に
「大」を配す

上図のように不等辺三角形の配置を
したときは、鈍角を構成する角に「真」
となる一番大きな樹木（真木）、ある
いは一番高い樹木を用いる。そして、
左右に中と小（あるいは小と中）を
配置する。これを基本の配置とした
い。

避けたい例

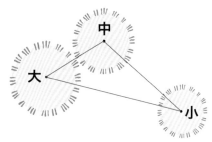

中心がなくなると
均衡が保てない

不等辺三角形の配置で、鈍角を構成
する角に大を用いない場合、中心が
なくなってしまい、均衡が保てなくな
る。

大きさが似ていても良いとき

例えば針葉樹のように、幹がまっすぐの「直
幹」を生かした樹形を楽しむ庭もあると思う。
それぞれの樹木の配置が良ければ、大きさ
が似ていても、その特徴に合わせて自然の
良さを表現できることはある。

2-3 | 幹反りを利用して躍動感を出す

樹木は、まっすぐのものだけではなく、あえて曲がり（反り）がある樹形も取り入れたい。曲がりの向きを大事にして、樹木の上下に変化をつけよう。

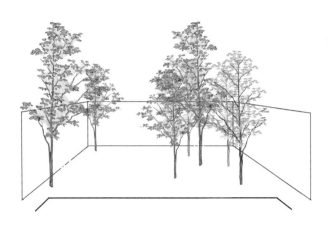

良い例

動きのある樹形で自然風を表現する

落葉樹を用いて自然風庭園を表現する場合、配置が良くても左図のように素直な樹形ばかりを用いると味気ない。そこで例えば、下図のように動きのある植栽に変化させると、自然風庭園にふさわしい動きが生まれる。なお、動きのある庭を表現するには、幹に少し曲がり（反り）がある樹形を選ぶと良い。ただし、真木だけは曲がりの少ない樹木を用いるべきだろう。動きの少ない庭が悪いわけではないが、特に滝組の周辺においては、動きのある植栽、石組を表現したい。

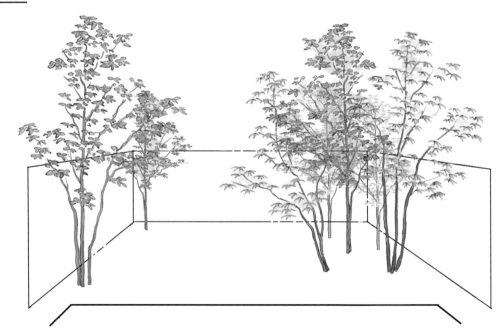

中心以外の2本に
抑揚をつける

配置は、曲がりの方向（気勢）を含めて考えたい。例えば、上図のAの樹木は、曲がりの少ない、ほぼまっすぐな1本立ち、あるいは株立ちが望ましい。これに対し、左右に添える木の樹形は、根元近く、あるいは中間付近で少し曲がりのある木を選び、曲がりの方向は矢印方向に向けると良いだろう。そして、幹の中央部付近から上部は建て入れ（植える角度）に気を配り、やや垂直になるようにする。

現場では常に
「気勢」を意識する

私が作庭するときに描く平面図の植栽では、円の中心に点を描くものは、樹形がまっすぐであることを表している（左図のA）。これに対し、中心をずらして描いているもの（左図のA以外の2つ）は気勢を表している（気勢についてはp.48以降も参照）。私の場合、点をずらすときは真木寄りに打つ。作庭の現場では、事前に想定した計画に完全に一致させるのは難しいことが多いが、頭の中ではいつもイメージを持つように心がけたい。

良い例

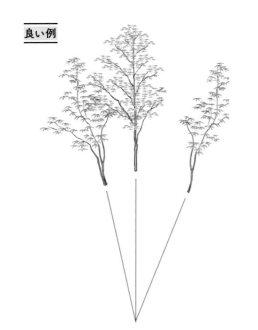

避けたい例

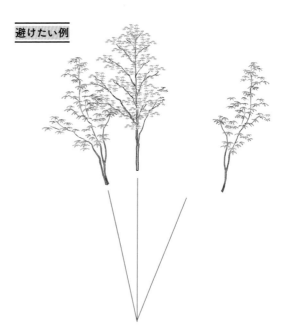

左右の樹木は真木の影響圏から出さない

左右の樹木は、重要視点からの線が地中でつながっているようにする。気勢方向に少し傾けると良い場合もあるが、上部3分の2から上の部分はやや垂直になるような樹形を選びたい。また、左右の樹木が真木の影響圏から逸脱すると均衡が崩れて、倒れたものに感じられる（右図）ので、この点にも注意したい。

2-4 | 群植は株立ちのように考える

株立ちとは、根元の地際から3本以上の幹が立ち上がっている樹形、あるいは
その形をした樹木だが、この項ではその株立ちについて検討していこう。

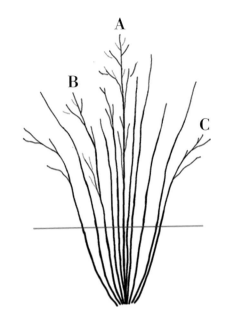

左図の赤線で切ったときの
状態を上図の平面図で表し
ている。

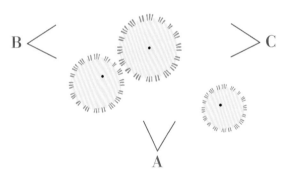

株立ちの中の
主要3本で不等辺三角形

十数本の群植を株立ちとして想像し
ていただきたい。Aが鈍角の中心。そ
の他は平面図の矢印の向きに勢いが
ある。また、A、B、Cで不等辺三角
形をつくっていると見ることもできる。

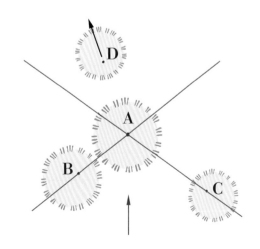

もう1本増やすならどこに？

樹木をもう1本増やしたい場合、どこ
に配置すれば良いか。視点は、重要視
点Aの他に、視点BやCもあるとする。
植栽Dを補植とする場合、最初に植え
た3本による不等辺三角形の延長線上
は外したい。そうしないと不等辺三角
形が崩れる。Dはやや垂直の樹形でも
良いと思う。真AとDを結んだ方向が
気勢となるが、無理に樹木そのものの
勢いと合わせる必要もない。

視点を考慮した植栽

Aの視点から眺めたときには、図左のように見えるが、Cの視点から眺めた場合には、真木を中心に左側に力が偏り、右のDに補植しないと均整が取れなくなる。またこのとき注意しなければならないのは、基本形の樹木3本と並ばないように配置することだ。

敷地が広いときの植栽は?

敷地が広くなると、樹木が多くなって配置に迷う。そんなときどうすればいいか。まず、大、中、小の3つの群をつくって、不等辺三角形をつくる（図の赤線）。それぞれの群には、やや垂直の真木を設ける。そして、黒矢印の方向に木を添える。ただし、赤矢印の勢いは、大の群に逆らって見えてしまうため、あまり勢いの強くない樹形を選んで植栽すると良いだろう。

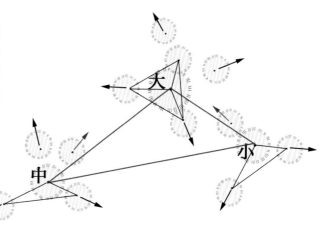

不等辺三角形で考える

多くの樹木を植える群植は難しい。庭づくりを始めたばかりの時期は特にそうだ。要素が多くて、どう扱えば良いのかわからなくなることもあるだろう。このようなときこそ、不等辺三角形の考え方を使ってみてほしい。どんなに要素が多くても、よく見れば、そこにはシンボリックな要素、あるいは代表的な要素があるはずである。その目立つ要素の中でも3つ選び、それらを不等辺三角形で結ぶ。すると、不思議なほどに構成が安定するはずだ。要素が多くて配置や扱いに迷ったときは、不等辺三角形を思い出してみてほしい。

背の低い灌木の配置

灌木（ツツジなど背が高くならない樹木、低木）といえども、その木形や方向を考慮した植栽を考えたい。蹲踞の周辺を例に考えてみよう。

灌木を密植させない

庭に灌木を植栽してみた。図内の同色の樹木は同種と想像していただきたい。灌木は密植させず、主要な樹木の根締（大きな樹木や石などの根元に植える低木）を植えるつもりで不等辺三角形に配置する。自然風の植栽を心がけるときは、灌木の樹形は整え過ぎないほうがふさわしい。粗野な雰囲気の樹形を用いて、3本、あるいは3本プラス1本と考えて、常に不等辺三角形に配置していく。

灌木の樹種は増やしすぎない

灌木の樹種は3〜4種で良いと思う。1つの群で3本を不等辺三角形に配置するが（赤線）、そのうち1本ぐらいは他種を使っても良い。その他種を近くの2つの群に取り入れて、3本で不等辺三角形を描いても良い。

灌木と高木は少し離す

左図のように、高木の落葉樹のそばに、例えばミツバツツジやオトコヨウゾメなどの華奢な落葉樹を添えることがある。そのとき、灌木や中木が高木に近づきすぎると、両方の良さが出にくくなる。そこで、下図Aのような空白のスペースができるように、灌木を高木から少し離すことで、強弱がはっきりし、お互いの良さが表現できるようになる。

2-6 | 気勢で庭全体の 流れをつくる

ここからは「気勢」について例示していきながら、その本意を伝えたい。
この気勢の理解は、自然風庭園をつくる上で不可欠なものである。

目には見えない勢い

物には質感と形がある。その質感と形をもった物からは、平面的にも、立体的にも、目には見えない勢いが生まれる。今にも動き出しそうに感じる向きや方向性があり、それを「気勢」と呼んでいる。例えば、右上図のように、車の前方向には統一された勢いを感じられるだろう。もし、この気勢に別の方向のものが入ると、気が乱れ、落ち着かない感じが出ることになり、右図のように統一性を欠くと、見苦しい印象となってしまう。

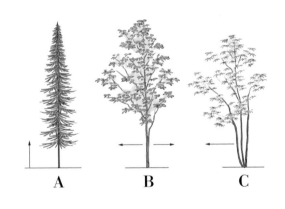

A   B   C

地際から少し曲げる

左図Aの樹木は縦方向に勢いがある。Bの樹木はあまり方向性を感じさせない安定感がある。Cの樹木は、少し左側に勢いを感じる。左下図の2本は明らかに勢いが左に向いている。このような気勢のある樹木の建て入れ（植える角度）は、地際から少し左に曲げる。ただし、樹木が途中から曲がって、やや垂直に伸びる姿のものを選ぶと良い。

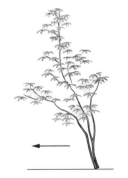

庭づくりにおける気勢

作庭では、樹木や庭石はもちろんのこと、その他の添景物や構造物など、目に見えるすべてがもつ気勢を考慮しなくてはならない。それらの勢いの向きをすべて頭に入れて計画し、現場で実際の気勢を見ながら臨機応変に作庭を進めたい。

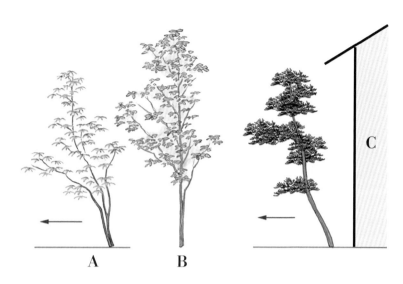

樹形選びは
適材適所に

さまざまな樹形の中で、それぞれの特徴を活かして配置したい。まっすぐな樹形（B）は真に、少し反りのある樹形（A）は添木として配置すると、それぞれの良さが発揮できる。AはBに添わせることで良さが表現できるが、単独で植えると傾いて感じる恐れがある。構造物（C）を真と捉えると、その近くに添える木は少し気勢を感じる樹形を選ぶと扱いやすい。

庭石の気勢を
感じ取る

伏せるように据えられた石の気勢は左右方向に感じられる（左）。立石は上方に気勢がある（中）。円形に近い石の気勢は四方八方にある（右）。

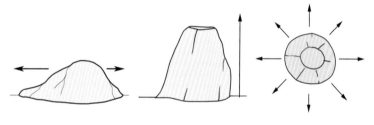

向き合った
気勢はやめる

間隔がないところで気勢を向き合わせると、張り合っている様子となり、落ち着かないため、このような形は避けたい（左・左下図）。ただし、気勢が向き合っていても、視点からの距離が違うのであれば、この限りでない（下図）。

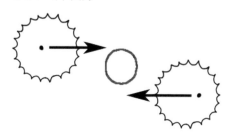

気勢の源は地形から生まれる

気勢を生み出すのは木や石などの自然物だけではない。
庭全体の大きな気勢は山の形などの地形から生まれる。
それを作庭に取り込む方法を見ていこう。

気勢を統一するように整える

植栽で気勢の統一を表現した（上図）。垂直の真の木を中心軸にして、その他は少しずつ傾けてみることで、バランスを取っている。ここでもし、左図の赤印のようにバランスが崩れると、見苦しい印象となる。

気勢と地面の傾き

単純な山を想像してみよう。頂上やBのような平地で育っている樹木は垂直に近い樹形になるのが自然だと感じられるのではないだろうか。また、そこから山を下り、斜面になるにつれて樹木は谷側に傾き、先端は真上に向かってやや曲がって育つのが自然だと感じられるのではないか。Aのような樹形も自然界には存在するが、気勢の考え方では、上述の自然な感覚を基本とする。

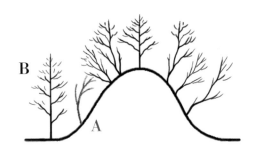

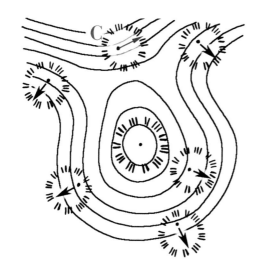

気勢は等高線を想像し
等高線に対して直角に

平面図に等高線を描いてみる。山の頂点にある木は垂直のものにすることを想定した場合、斜面のそれぞれにある樹木の気勢は、等高線に対して直角（矢印方向）に生じるように配置すると良いだろう。自然界にはCのような向きの植物もあるかもしれないが、気勢の考え方では、等高線に対して直角が基本と考えよう。

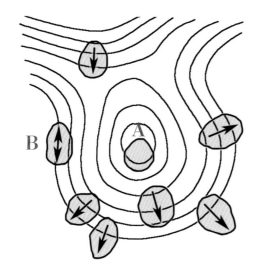

庭石の気勢も
同じように

庭石の扱いも樹木と同様に考えれば良い。例えば、左図Bのような石の配置は、気勢が等高線に対して並行になってしまうため避けたい。また、頂点に据えたAの石は真と考え、気勢があまり感じられないものを選ぶべきだろう。つまり、各々の石の方向（気勢）は、Aと結んだ線上、あるいは等高線に直角の方向にあるのが望ましいというわけだ。

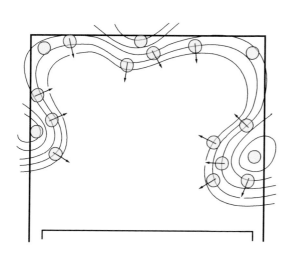

地模様と等高線を
想定する

与えられた敷地に植栽するにあたっては、おおよその地模様と等高線をまず想定したい。その等高線に直角となる方向が、おおよその気勢になると考えていけば良い。

2-8 | 高低差のない平庭の気勢

**気勢の考え方は、木や石の形、あるいは地形から生まれる。
だが、それだけではない。庭においては建物の位置や形、
敷地外との境界からも気勢が生じる。**

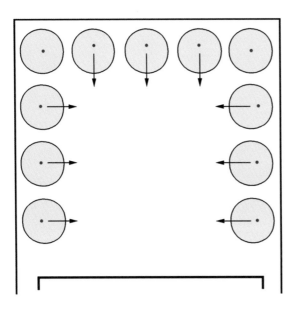

境界を等高線と
見立てて気勢を捉える

敷地に高低差がなくても、敷地の境界付近に植栽するときは、境界を等高線と見立てて気勢を考えていく。この図の場合では、無理に気勢のある樹木を植える必要はなく、直幹（まっすぐな幹の樹形）が理想だが、必ずしも直幹ばかりではないので、その中で反りがあるときは、気勢は図の矢印方向に向けたい。

建物周辺には
等高線があると
想像する

図のように、建物周辺に植栽するときも等高線を想像すると、それぞれの位置に配置する素材の気勢が見えてくる。また、敷地外が公道、あるいは公園などの場合、公道側からの視点を考えれば、外方向に気勢があっても良い。そのため、入隅（赤矢印の付近）では、直幹の樹木でも、気勢がある樹形なら内と外の2つの方向が考えられる。

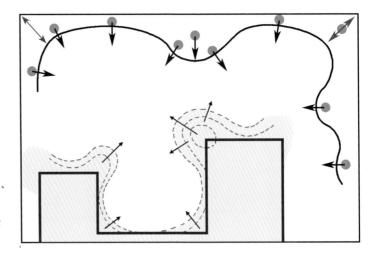

2

見えない線で素材を結ぶ

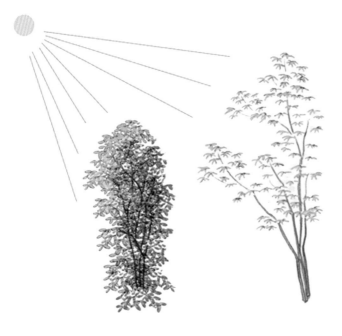

木表と気勢

「木表」あるいは「木の表」とは、樹木が陽に当たって枝葉が良く育ち、美しい姿を見せる側だ。多くの場合、その面が見栄えが良いと感じる側が木表と呼ばれる。ただし、木表を常に重要視点に向ければ良いというわけではない。木表と気勢が一致することは多々あるが、庭では木表を斜め方向から、あるいは裏側から眺める視点もあり得る。そして、作庭において、木表と気勢のどちらを重視すべきかといえば、気勢をより重視したい。

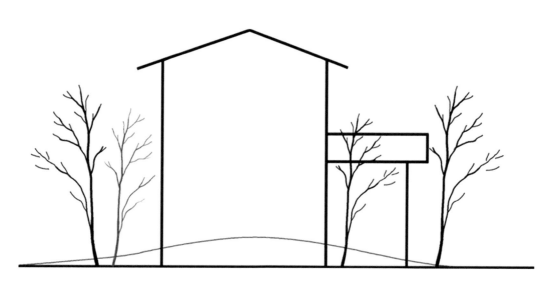

木の美しさは植栽の向きではない

建物のそばの樹木は、反りが建物の外方向に向き、幹の上方はやや垂直になるようにしたい。ここでは、木表は考えず、気勢だけで植栽を考えているが、結果的に建物の中の部屋から眺めれば木の裏を見ることになる。赤で描いたように、木表を部屋側に向けることはない。

2-9 石組と気勢

1つの石でも、実は多くの顔を持っている。そして庭師なら誰でも、
庭石の据え方にこだわりや癖のようなものをもっているものだ。
私にも長年の経験で築いた独自の考え方や方法がある。ここでは
その基本を紹介しよう。

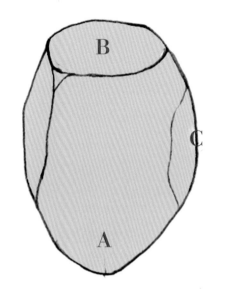

石にはさまざまな顔がある

1つの石でも見方によっていろいろな顔が
見えてきて、さまざまなイメージが浮かん
でくる。大きさは別として、例えば図のよ
うな石を見たとき、A～Cなど、まずはあ
らゆる角度から眺めてみよう。「この場所
に据えるのであれば、どの面を正面にする
か」など、庭と合わせて想像していくと良
いだろう。

山形は左右の角度が
等しくなるように

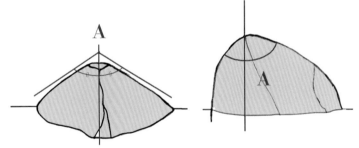

図左のように、Aを山形の頂
点にして据えるときは、左
右の角度が視点に対して等
しくなるように心がけたい。
図右のように、山形の角度
が左右で違うと左側に傾い
ているように見えるためだ。

天端の面は
水平になるように

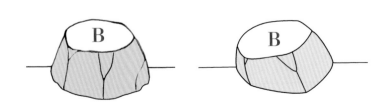

天端（B）を面として据える
場合には、その面を水平に据
えたい。図右のように天端の
水平が狂うと落ち着かない
雰囲気になってしまう。ただ
し、視点から前後になる面の
傾斜は、ときに水平でなくて
も構わない。

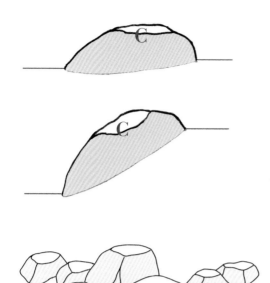

気勢に合わせて方向を決める

Cの面を上にする場合、左図のようにCの面を水平に据えるか、斜めに据えるかの2通りの選択になるだろう。いずれにしても、気勢の方向から眺めたときに天端の左右が常に水平になるようにしたい。

複数の石を使った石組

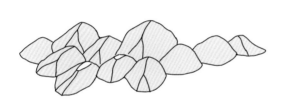

このような場合、天端の水平が多いと安定感は出るが、躍動感には欠けてしまう。そこで、山の上部や流れの上流には、天端が平らでない石を多く用い、下流になるほどに平らな石を使うようにすると、自然の荒々しさと安定感をともに表現できる。

山形で据えると躍動感が出る

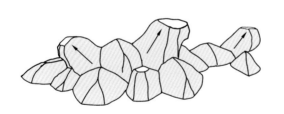

山形で稜線（尾根）のある形の石を多めに組み合わせると、勢いが出てくる。

気勢の組み合わせで迫力を出す

稜線のある山形の石と、少し前方に張り出したような形の石を組み合わせると、石組に迫力が生まれる。

状況によって使い分ける

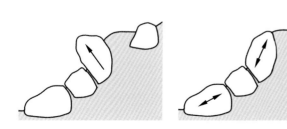

図の左右とも用いている石は同じだ。図左の矢印が描かれた石は、地面から張り出すように据えられていて、迫力を感じる。図右の場合、同じ石を伏せて使うことで、落ち着いた印象となっている。このように、状況によって使い分けることで、同じ石でも違った効果を生むことができる。

2-10 | 地盤に高低差があり、土留が必要な場合の石積

石を積み上げるときは、物理的に安定するように組むことが必要だ。
また、安定だけでなく、見た目のやわらかさが出ることも大切にしたい。
ここでは、その基本的な考え方を紹介しよう。

鋭角の空間を残さない

下図は立面図（立体を真正面から見た図）だ。石の天端を平らに揃えない積み方の場合は、積み終わった後の、石と石の間の空間を鋭角で残したくない（赤矢印）。どうしても鋭角が残ってしまうときは、植物で補えば良いが、接点が少ないと、強度に影響する恐れがある。また、それぞれの石が接するところ（グレーの部分）は「人」の字のようなやわらかい線にしたい。

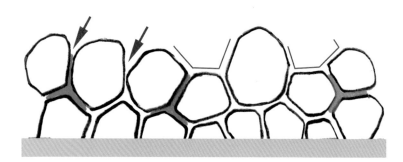

平面でも鋭角を避ける

下図は平面図（立体を真上から見た図）だ。平面の石組でも、赤矢印で示したような鋭角の空間ができることはやはり避けたい。また、Cのように石の1面だけを見せる方法も避けたい。短い1面であれば良いが、可能であれば視点から2面が見えるように積むと良いだろう。AやBのような鈍角の空間を残し、3つの石が直線上に並ばないようにしたい（赤線）。

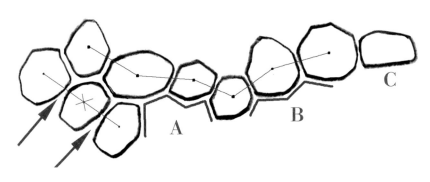

野面石積について

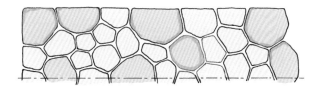

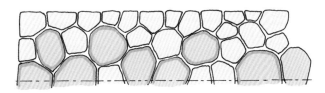

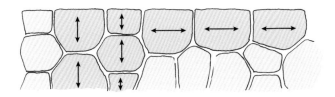

石の大きさに
変化をつける

野面石積（自然石を積む方法の1つで、平らな面が表面になるように組む）では、石の大きさに変化をつけたい。左上図のように、大きな石は、下部の根石のところに4割ほど、中間部には2割ほど、天端部に4割ほどの配分をすると良いだろう。なお、天端の角には大きめの石を使うと良い。左中図のように、根元部分に大の石を多用し、天端が小さい石ばかりになると、安定感がないように感じさせるため避けたい。また、左下図のように、同じ大きさの石が水平や垂直に並んだり、重なったりすることも避けたい。

石の勢いにも
変化をつける

上図のように、同じ大きさや形の石が、水平や垂直に並ばないようにするには、最初に置いた石の勢いに対して、隣の石の勢いの方向を右上図の矢印のように変えることである。特に注意したいのは、右中図の黒矢印で示したような目地が通らないように石を積むことだ。このような形になると、後で石積を延長したり、積み足したりしたようで、計画性がなく感じられてしまう。そこで、極端に長い水平や垂直の目地ができることは避け、右下図のように、目地部分が「人」の字になるよう石積をすると良い。優しく柔らかい印象も出るだろう。

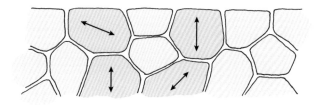

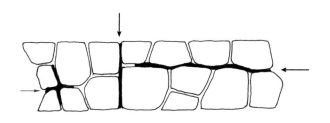

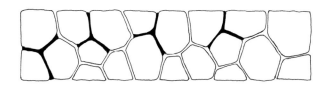

2-11 | 庭園に石積を
いかに取り込むか

庭園の意匠として石積をいかに表現したら良いのか。
さまざまな石積の庭を表現しながら検討してみたい。

避けたい例

高すぎる石積は圧迫感が出る

庭園の地形で前方（図の奥側）が高くなっている場合、あるいは人工的に盛り土をして高くした場合を想定してみよう。この高低差のある敷地に高さ90cmほどの野面石積を設けたとこ

ろ、奥行きがそれほどない敷地だったため、圧迫感が出てしまった。蹲踞の配置は良いが、狭い雰囲気になり、重苦しい感じも出ている。

良い例

石積を低くして奥行き感を出す

石積の高さを40〜50cmに下げてみた。これによって庭の奥行き感が出たほ

か、右側に組んだ重点の蹲踞も圧迫感がなくなった。

手前にも石積を配置する

奥の石積の長さを短くし、手前にも
石積を設けた。そして、前後に分け
た石積の間に蹲踞を配置。手前の石
積が近景となり、蹲踞が見え隠れす
ることで、雰囲気が変わったのでは
ないだろうか。奥の石積の高さを手
前の石積より少し下げると、さらに奥
行き感が増すだろう。

角に石を置き
やわらかさを出す

石積の角が鋭いと感じるならば、下図のよう
に蹲踞と同じ材質の石を置くとやわらかい雰
囲気になる。ただし、これを石積の角だけに
置くと二石が並んで見えるので、不等辺三
角形を考慮した上で左側にも一石据えた方
が良いだろう。これで、バランス良く落ち着
いた印象にすることができた。

水鉢を置かず
広い空間にする

水鉢を置くのをやめ、広いテラスにしてみた。すっきりとした雰囲気に変わったと思う。テーブルや椅子を設置しても良いだろう。

ベンチを
設ける

前後の石積の間にベンチを設け、読書などに利用できるようにした。手前の樹木を近景にして、我が家を眺めるのも良いだろう。視点から左側に花壇を設けて楽しんでも良い。

手前の
石積を外した

特に悪い意匠というわけではないのだが、前
の作例に比べると、近景がなくなったことで、
少しさみしい印象になっている。

手前に
植栽を配した

手前の石積を外した代わりに、株立ちの落葉樹を手前に植え
た。株立ちは落葉樹以外にも、常緑樹のソヨゴやヤマボウシ
を用いても良いだろう。近景として扱う樹木は、幹越しに透
かして遠景を眺められるようにしたいので、常に目線の付近
は手入れをして、管理を怠らないようにしたい。

2

見えない線で素材を結ぶ

石積を斜めにして広く感じさせる

後ろ側の石積を、建物と平行な角度から斜めの角度に変えてみた。これによって庭が広く感じられるようになったのではないか。

避けたい例

手前の石積をなくすと…

テラス全体が見えてしまって味気ない。小さくても手前に石積などの近景があったほうが雰囲気は良くなるだろう。

良い例

石積の陰に
低い施設を設ける

テラスを実用的に使わないのであれば、手前の石積の陰となるところに、池あるいは花壇のような低い施設をつくっても良い。半分隠すように設けると、自然風になるだろう。

避けたい例

良い例

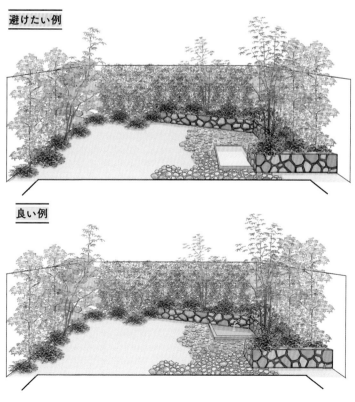

池はすべてを
見せない

右上図のように、池をすべて見せるようにつくるのは避けたい。広さが感じられなくなるし、少し見えない部分を残すほうが趣を感じる。また、奥行き感も出るだろう。例えば、右下図のように、池を右奥の花壇の入隅に設けるのは良いだろう。

左右のバランスを
調整する

前ページで石積の陰に池を配置した例を紹介したが、石積や池がある右側に対して、左奥が少しさみしく感じたかもしれない。そこで、左奥に花鉢を配置してみたが、これも1案として良いと思う。花鉢の他に、彫像や灯籠を用いても良いかもしれない。

良い例

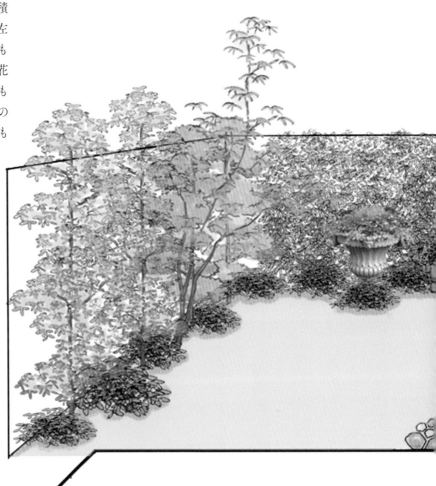

良い例

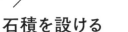

避けたい例

石積を設ける

テラスに池があるこの庭の重点に対して、左側にさみしさや軽さを感じるならば、上左図のように石積を設けてみるのも良いだろう。素材は右側と極端に変わらない物を選びた

い。ただし、新たな石積を設ける場合、上右図のように、右側の重点に勝るような高さや大きさの素材を選ぶのは避けるべきだろう。

良い例

良い例

石積をやめると…

すべての石積をやめて、テラスとベンチを
くの字形に据えた（上左図）。この方法も1案
として良いと思う。また、上右図のように、
手前に池を設けた表現も良いかもしれない。

ベンチの頭上にパーゴラを設けると、空間
の上方を絞り、空間全体を引き締める効果
が出るだろう。さらに、手前に落葉樹を植
えれば、奥行き感も出てくるはずだ。

2-12 ｜ 美しい飛石の打ち方

庭園では、移動時の足元を確保するために石を置く。
この飛石は、歩きやすさという機能面だけでなく、
美的要素も含めて考えたい。

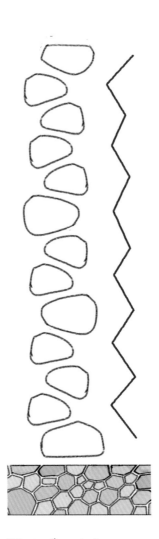

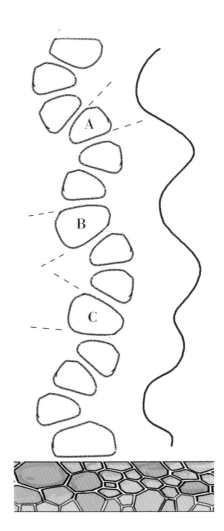

千鳥掛けで石を打つ

上は「千鳥掛け」と呼ばれる石の打ち方
である。この左右交互に打っていくやり方
は、確かに歩きやすいのだが、美的要素
に欠け、堅苦しい雰囲気を感じてしまう。

奥行き感が出る蛇行

上左図に比べて緩やかな蛇行を描くように石
を打った。機能的ではないかもしれないが、
同じ距離でも飛石の数が多くなり、距離と奥
行きがあるように感じられる。曲がりの外側
には、図のA、B、Cのように、石の幅の広
いほうを用いると良いだろう。

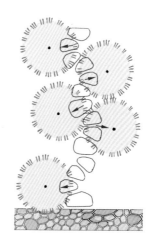

避けたい例

飛石と植栽の関係

作庭にあたっては、まず飛石を打ってから次に植栽という工程になる。飛石は人工的な印象が出やすい物なので、自然風庭園をつくる上では、植栽との関係を常に考慮したい。例えば、自然林の中で通路の飛石を打つと想定した場合、左図や上図のような配置は、飛石の勢いが外側の樹木に向かっていて、不自然さを感じさせるため、避けるべきだ。

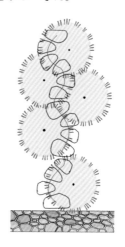

良い例

樹木には遠巻きに
飛石を打つ

自然林に飛石を打つ場合は、左図や上図のように、樹木を避けながら、遠巻きに飛石を打ったほうが、人工的でありながらも自然に感じるのではないだろうか。

飛石の2石目は
目的地と反対方向へ

下左図のように、飛石はまず、目的地とは反対の方向に向かって打ちたい。そして、ゆっくりとS字を描くような流れで目的地へつなげていく。石の大きさは、大小を交互に打つなど規則的な打ち方はせず、変化をつけると良いだろう。下右図のように飛石が目的地に直接向かう景色は味気ないので避けるように。

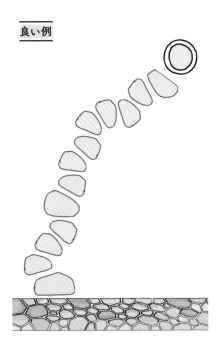

良い例

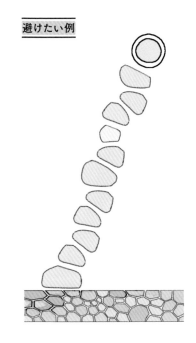

避けたい例

2

見えない線で素材を結ぶ

飛石の素材を
途中で変える

同じ素材で長い距離の飛石を打つと単調な景色になりやすい。そこで、飛石の素材を途中から他の素材（瓦やゴロタなど）に変えるのも1つの方法だ。ただし、右図左のように、極端に意匠を変えるのは好ましくない。例えば素材を飛石から瓦に変えるのであれば、右図右のように、途中に飛石を入れることで、少し離れた（間隔が変わった）飛石の余韻が生まれる。瓦の並べ方も、自然の景として楽しむには、不規則に並べてみるのもおもしろい方法だと思う。

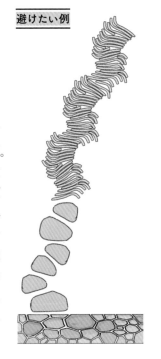

避けたい例

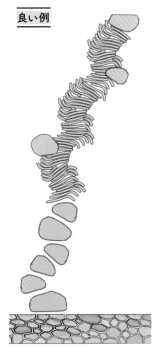

良い例

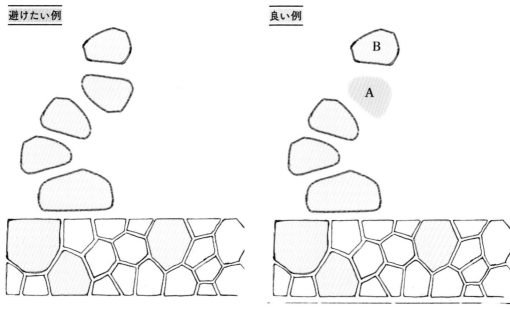

避けたい例　　　　　　　　　良い例

「行ってみたい」という
衝動を与える

飛石としての用途はなくても、景色として打ちたい石がある。あるいは、見る人に「前方向に行ってみたい」という感情を与えるために打つ石もあるだろう。その場合、上左図のように、石を打つのを極端な形で止めてしま

うのは避け、上右図Aのように、1つあけて力を抜くと良い。見る人に「昔はそこに石があったのではないだろうか」と想像させる、そんな石の打ち方も趣があると思う。

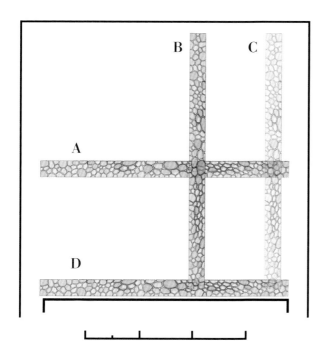

景色を切らない

延段（さまざまな大きさの自然石を用いた石敷き通路）を設ける場合、玄関前の通路は別として、図のAやBのように敷地の中央部を横切るのは、景色を切ってしまう恐れがあるため避けたい。「景色を切る」とは、前後・左右の景色を分断してしまうことだ。そのため、延段を設けるなら、CやDのように端部に設けるべきだが、横方向の延段はDのように、建物の近くで、建物と平行に設けるのが良いだろう。

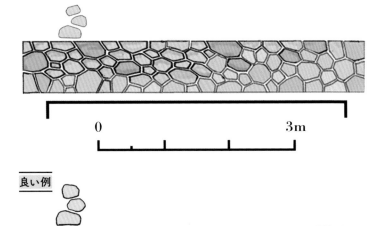

0　　　　　　　　3m

0　　　　　　　　3m

延段の幅は 45～60cm

住まいの庭では、2人以上の人が横に並んで歩く状況はそれほど多くないだろう。そう考えると、延段の幅は約45～60cmで良いと思う。空間に余裕があるからといって、理由なく幅を広くすると、庭を狭く感じさせてしまうので注意したい。

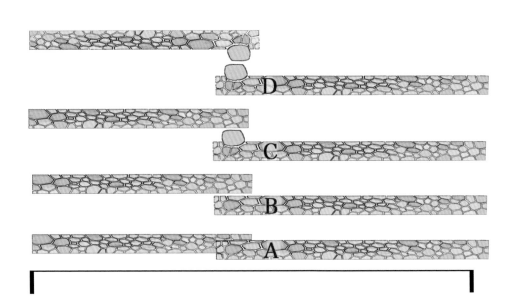

延段の長さと重ね方

延段の長さは、少なくとも幅の5倍ほどあれば、その良さが表現できる。ただし、長すぎると間延びして変化に乏しくなるだろう。そのような場合は、上図のように、長さを7対3、あるいは4対6の割合にした2つの延段を、少し重ねてA～Dのように表現するのも良い（敷地の奥行きが少ない場合がA、以降、奥行きが広くなるにつれてB、C、Dとなる）。ただし、重なりが大きいと重苦しくなるので注意を。もし、敷地の奥行きが特に少ないようなら、延段は1本で良い。

2 見えない線で素材を結ぶ

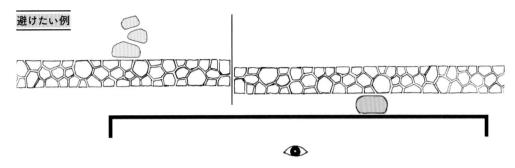

延段は模様が
切れないように

延段をつなぐとき、視点方向（赤線）
に切ってつなげると、模様が切れて
しまう。付け足したような印象も与え
てしまうので、このようなつなぎ方は
避けよう。

左右は対称にしない

延段の左右に渡りとして石を打つ場
合、同じ素材であれば下図上のよう
に踏み出し方に変化をつけ、左右を
非対称にしたい。あるいは下図下の
ように素材を変えるのも良いだろう。

良い例

良い例

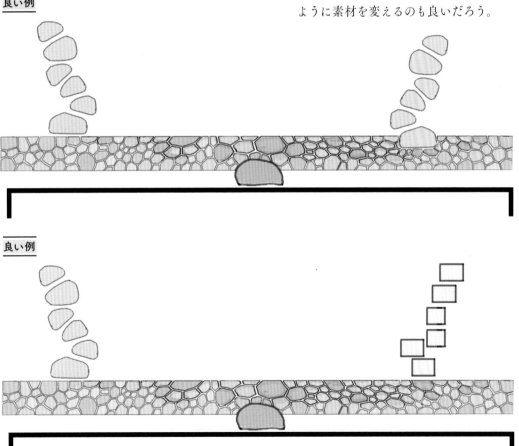

素材の配置と
師匠の思い出

配置で庭の表情が変わる

　庭園において、高価な素材を用いた庭が一概に悪いとは思わないが、安価な素材でも素晴らしい表現はできる。大切なことは素材の価値よりも配置の妙だ。

　私の師匠である小形研三は、どんなときも素材の配置は必ず自分で決めた。いつも弟子たちに「これはあそこ」、「もう少し右だ」と明確に指示している姿を思い出す。人任せにすることは決してなかった。

　私たち弟子が師匠に言われた通りに素材を置いていくと、のっぺりとした庭が立体的になり、奥行きが生まれ、空間がどんどん広がっていくのが、いつも不思議だった。弟子になったころは、この配置のやり方がよくわからなかったのだが、師匠はしくみを言葉で詳しく説明することはなく、「ここに入れなさい」、「この向きはこうしなさい」、「石はここに置いて、この面をあちらに向けなさい」と言うだけだった。

師匠の意図

　私が弟子になって最初の数年は、師匠の意図がまったくわからず、ただ言われるがままに樹木や石を運んだり、動かしたりするだけだった。そして翌日になると、前日に配置した木や石に対して「そこはちょっとあけてくれるか」、「あれ、もう少しこっちにずらしてくれ」と言われ、その指示通りに動かしていく。そんな日々の繰り返しだった。

　弟子になりたてのころは、どうしてそんな微調整をするのか、まったく理解できなかったが、このような日々を積み重ねていくとともに、私にもなんとなく素材の配置を体で理解することができ、自分なりに考えることもできるようになっていった。

ものまねでは庭はつくれない

　弟子入りして10年ほど経ったころだった。ある程度の量の植栽をしなければならないとき、師匠から大まかな指示を受けて、「あとはやってくれ」と言われることがあった。このとき、自分なりの考えを持つことができていなかったら、その場にふさわしい配置ができなかっただろう。つまり、師匠のものまねだけでは、その庭にふさわしい景色をつくり出すことはできないのだ。

　おそらく、師匠が言葉で詳しく説明しなかったのは、弟子にものまねをさせたくなかったのだと思う。言葉で詳しく説明してしまうと、教えられた者はなんとなく理解したつもりになり、表面的な模倣で終わってしまうことが多くなるように思うのだ。

　感覚を言葉で養うことはできない。また、師匠の感覚をまねても意味がない。自分なりの感覚を持たなくては、一人前になることはできないのだ。有名な庭、例えば京都の禅寺である龍安寺の石庭に似た庭をつくっただけでは、単にものまねにすぎない。自分なりに石庭の意味を知り、自分なりの感覚でつくったときに、はじめてその地が庭という空間になるのだ。

第3章 水で自然な流れを表現する

どんなものでもそれ自体に向きや流れ、勢いがある。例えば、水は高いところから低いところに流れる。気勢も、水と同じように高いところから低いところに流れる。そして、このような流れや勢いは空間そのものにもある。さらに、作庭において重要なことは、庭全体の流れや勢いを整えることだ。そこでこの章では、水の流れをつくることで、空間全体の流れを生み出す方法について検討していこう。

滝口の見せ方を考える

庭における滝は水の動きをつくり出す源となる。そこで、まず
はじめに滝のつくり方や滝口の見せ方について説明しよう。
この動きをどう扱うかで、庭の印象も大きく変わる。

どの方向から
滝口を見せるか

庭に滝をつくる場合、水が落ちる「滝口」
と、その左右に添えた石で組まれるのが一
般的だ。この配置場所や見せる方向によ
って、滝から受ける印象は大きく異なる。
落ちる水を真正面のAの方向から眺めて
楽しむ観賞者もいるが、Bの方向から眺め
て楽しみたいと考える鑑賞者もいるだろう。

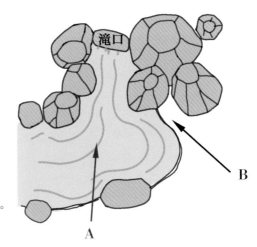

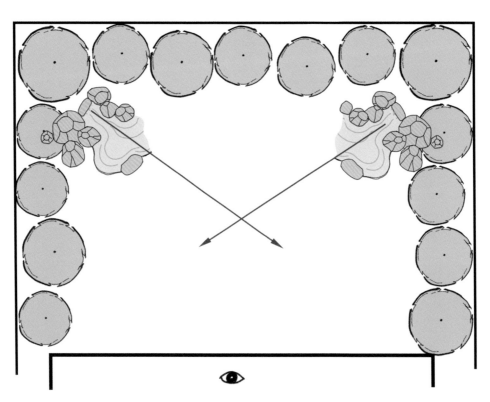

重要視点に
滝の正面を見せない

この庭の重要視点が図の目印の位置にあるとき、滝
口の配置は中央部を避ける基本から、右か左の奥
が考えられる。赤矢印が滝口の正面なので、滝がも
う少し視点方向に向いても良いだろう。

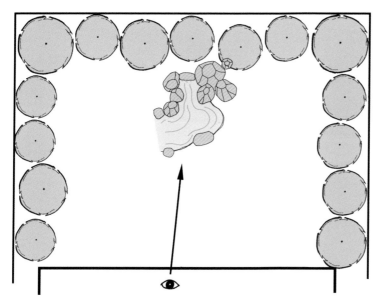

滝のすべてを
見せないように

重点は必ずしも奥の入隅に
配置する必要はないのだが、
滝を庭の中央部付近に配置
して、滝口を正面に向ける
のは避けたい。滝のすべて
が見えてしまうと、広さが
感じられなくなるし、見え
ない部分を残した方が奥行
きが出て、趣も感じられる
ようになるからだ。

良い例

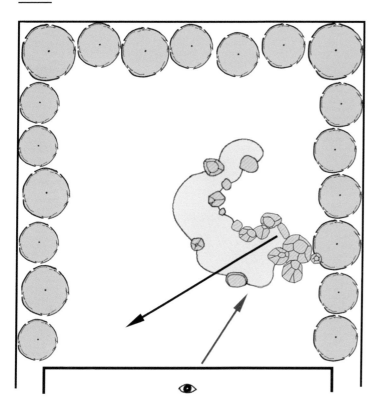

手前に配置する
滝の表現

左右どちらかの手前に重点
の滝を設け、池の流れが奥
に消えてゆく表現方法も良
いと思う。ただし、滝が落
ちる方向（黒矢印）は赤矢印
の重要視点には向けないこ
と。

3-2 │ 壁泉の配置

左右対称の端正な庭なら、壁泉を正面に置いても良いだろう。
しかし、それでは「自然風」の見せ方ではなくなってしまう。
どうすれば自然風の見せ方ができるのかを考えていこう。

右側に壁泉を配し
手前に植栽を行う

壁泉は正面を避け、右側に配置した。さらに、その手前には近景として樹木を置き、壁泉が少し隠れるようにした。人工的な印象の強い壁泉だが、このように見せると自然風として楽しむことができる。

左右対称の
端正な庭

左右対称の庭であれば、壁泉を正面に向けても何ら違和感は生じない。ただし、自然風庭園の見せ方からは離れてしまう。

自然風庭園と和洋の素材

自然風庭園では「素材のすべてを見せないこと」を基本とする。手前（近景）に植栽などを行い、見えない部分を風景の中に溶け込ませていく。配置の基本を外さなければ、素材の和洋を問わず「自然風」の庭になっていく。あえて洋の素材を使って、類例のない庭をつくってもおもしろいだろう。ただし、和の素材と洋の素材を節操なく用いたり、必要以上に取り入れたりするのは良くない。基本を和洋のどちらかに統一して、数は少なめに取り入れたほうが趣が出やすいだろう。

壁泉を自然風で取り入れる

「自然風」の庭として考えるならば、正面に壁泉を設けるAのやり方ではなく、BやCのような配置で、手前に植栽を添えて楽しみたい。

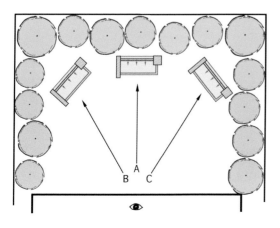

3-3 | 滝は谷筋につくる

滝をどこに配すか。まずは地形をイメージして、谷筋に据えたい。
石の組み方も自然風庭園の基本を大事にしたい。

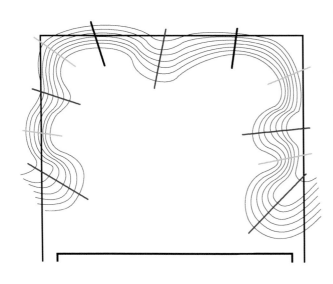

地形をイメージして
滝は谷筋に配置する

滝が形成される地形を左図の等高線で考えてみたい。赤線は尾根筋で滝が形成される場所ではない。水色と黒の線は谷筋で、滝組を設けるにふさわしい場所だと思われる。特に水色線の付近が良いだろう。なぜなら黒線は重要視点に向かっており、滝が正面に向かいやすいためで、できるだけこれも避けたい。

避けたい例

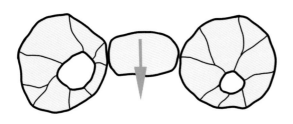

自然風庭園の滝の組み方

滝の組み方にはいろいろと好みがあると思う。見せ方に重点を置いて考えてみよう。一般に、滝といえば滝添え石に挟まれた滝口から水が落とされる（水色の矢印は滝が流れる方向）。滝口の左右を挟む石は、左図上のように同じ大きさの石を用いるのは避け、左図下のように、大きさと高さに変化をつけたい。

良い例

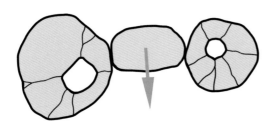

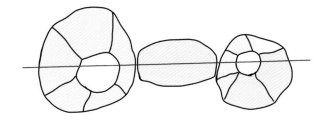

滝の石組も
不等辺三角形が基本

左上図のように、石の大きさを変えたとしても、三石が並ぶ配置は避けたい。滝の組み方でも不等辺三角形を意識し、左図下のように、三石が直線上に並ばないように組みたい。

良い例

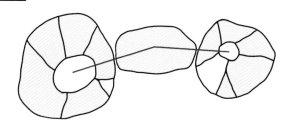

良い例　　　　　　　避けたい例

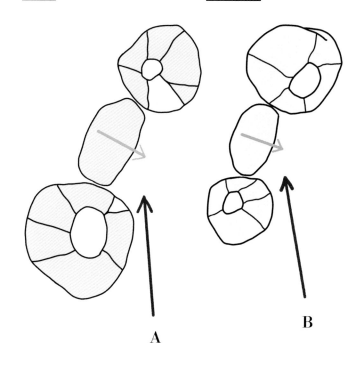

A　　　　　B

大きな石を
手前にすると
奥行きが出る

滝を見せる方向が決まったとしても、重要視点（AやB）から眺めて手前側に大きめの石を使うか、小さめの石を使うかによって雰囲気が異なってくる。Aのほうは、手前に大きい石を用いることで、落ち口の見える部分が一部だけになり、奥行き感が生まれるため、Aの配置のほうが趣が出て良いだろう。

3-4 | 滝口の不動石を
どこに置くか

滝口に添える大きな石（主石）は「不動石」と呼ばれ、
滝組では重要な役石となる。この不動石をどこに置くかを考えていこう。

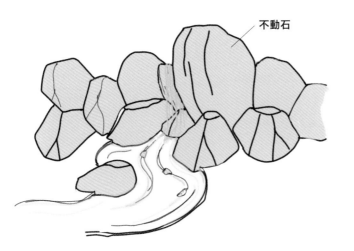

不動石

手前に置けば
奥行きが出る

左図のように、滝口の手前の石（不動石）を「近景」（手前に素材を置いて空間的な効果を得る）とすれば、奥行き感が増す。

滝口は見せすぎない

落ち口の向きをなるべく重要視点に向けてみた。これ以上落ち口が見えるとうっとうしく感じるため、重要視点から見える滝口はこの程度に留めておこう。

近景に植栽を
配せば趣が出る

滝組のさらなる近景として、株立ち
の落葉樹を植える。こうすることで滝
組の奥行きや趣が増すだろう。

視点の近いところに
樹木を植える

敷地の奥行きが広い場合、滝口周囲
の植栽を含めて遠くから滝を眺める
ことを想定し、視点の近く（右側手
前）に近景の樹木を植えるのも良い方
法だ。

奥の石を大きくすると…

上図のように、手前側の不動石を奥の石より小さくし、奥側の石を大きくすると、奥側の石が重く感じられ、滝口の存在も少し薄れた感じになり、奥行き感が少し損なわれるため、基本的には避けるべきだろう。ただし、左図のように奥側の石を大きくしたい場合もあるはずで、そのようなときはどうすると良いだろうか。

良い例

滝の手前に
近景の植栽を添える

滝組の手前に植栽をして近景を設けた。こうすることで雰囲気が大きく変わったのではないだろうか。このようなやり方も1案として良いだろう。ただし、好みにもよるが、滝口の手前の石はやはり大きいほうが良いかもしれない。

「落とし」を入れて
力を抜く

敷地の奥行きに余裕があれば、赤矢
印付近に「落とし」を入れる（一度力
を抜く）空間を設けると良いだろう。そ
して手前に大きめの石（A）を据える。
こうすることで、さらに奥行き感が出
せるようになる。

良い例

手前の
植栽や石で
奥行きを出す

不動石が奥にある滝
組でも、近景の植栽
や石によって奥行き
を感じる庭になる。こ
のような表現も良い
と思う。

石組の偏りを解消して
より自然な雰囲気に

石組が滝口に集中していたため、少し離れた場所
（図中の左奥）にも2〜3割の石を配置した。これに
より、さらに自然な雰囲気が表現できた。

3-5 | 滝口は谷にある

水は高いところから低いところへ流れる。また、山頂に滝があることはない。
自然風庭園でも、滝や水の流れが谷にあることを感じさせたい。
そのための方法を見ていこう。

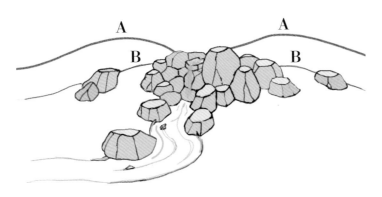

平地なら客土で山をつくり谷を表現したい

滝が形成される地形を考えると、水は左図のように谷筋を流れる。本来は赤線で示したAのような地形が理想だが、狭い敷地だとBのような地形になるのも致し方ない。

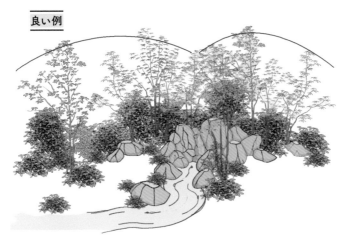

良い例

植栽で谷を強調し地形を想像させる

平地であれば、客土（他の場所から搬入された土）で左上図Aのような山をつくり、谷を表現するのが理想だが、それができないときは、左図のように植栽で地形を想像させるという方法もある。

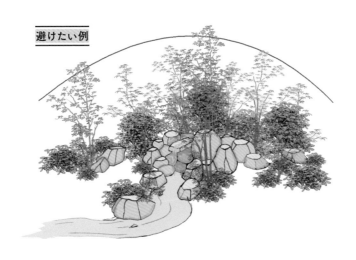

避けたい例

滝口後方の植栽は山の頂点に見えないように

大切なのは、滝口付近が谷であるということと、滝口を山頂に配置しないことだ。左図のように、滝口後方の植栽が山頂のように見えてしまうと、頂から水が流れ出すようで、不自然な印象になり、落ち着かない。

避けたい例

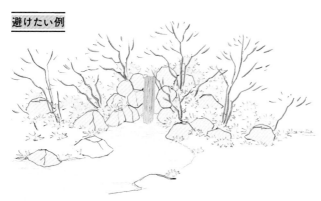

石の陰や
樹木の間から見せる

左上図のように、滝の落ち口は少し斜めから眺められるほうが良いだろう。石の陰や樹木の間から見せる手法は趣も出る。滝組が上手にできても、左図のように真正面に見せてしまうと味気ないので避けるように。

暗示を与えるような表現で

岩の奥から水が滲み出て、そこから流れが生まれるような始まり方があっても良いだろう。このやり方は、特に狭い庭に適した方法かもしれない。特に大きな石を用いたり、滝口付近を高く表現したりしなくても、流れ出る水の音はするが、水源がはっきりわからない、のぞいてみたい、そんな印象を与え、奥深い雰囲気を感じさせることができるはずだ。

3-6 | 水の流れの見せ方

小川の雰囲気を住まいの庭に表現するのも楽しい。
ただし、小川を想定しても、敷地面積が少ないと
直線的な流れになりやすい。どうすればいいだろうか。

避けたい例

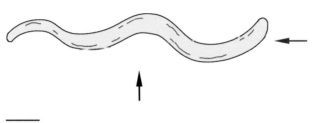

見えにくい部分をつくる

左図に少し曲げた川の流れを描いてみた。この場合、赤矢印の方向から眺めれば、奥行き感はあるものの、重要視点である黒矢印の方向から眺めると、すべてが見えてしまい、平面的になる。そこで、流れの形を部分的に曲げ、赤で示した部分（左図下）をあえて見えにくくすることで、奥行き感を出すことができる。

良い例

流れに合わせて石を据える

庭で流れをつくるとき、その形に合わせて自然石を据えることが多いが、その際、下図のように石の大きさで変化を見せたり、凸部の気勢の方向（赤矢印）を合わせたり、近くの三石が不等辺三角形の配置になるようにすることを心がけたい。

良い例

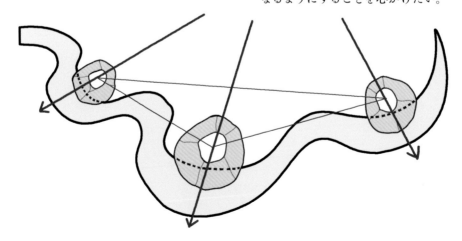

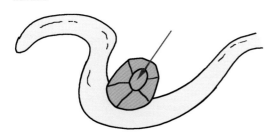

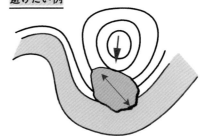

岬と石の気勢を合わせる

上図左では、岬の勢いに石の気勢が合って いて、なじんでいるように思う。一方、上図 右では、赤矢印で示した岬の勢いが、石の

気勢になじんでいないので、このような配置 は避けたい。

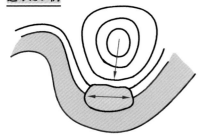

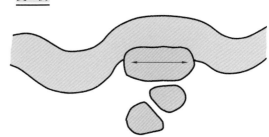

山地と平地の違い

上図左は、石の気勢が岬の勢いと直角にな り、その勢いを止めるような置き方になって いる。こうした、極端に異なる気勢の据え方 は避けたい。ただし、上図右のように、平地

側に石を配置する場合なら、例えば礼拝石 （広い庭において要点に配置し、流れ縁に佇み、庭 を眺めたり、日の出を拝んだりする役石）のよう な扱いをしても良いだろう。

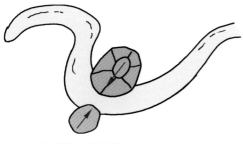

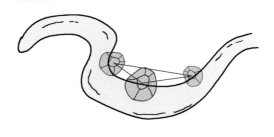

岬の対岸の配置

大きな岬の凸部に据えた石に対して、その反 対側（凹部）の石はどう置くか。上図左のよ うに置くと、互いの勢いに反発しあってしま うので、反対側の石を極端に小さくするか、

土留などの必要がなければ、石は省略して も良いだろう。また、凸部の面積が一石では 物足りないときは、三石を基準として、不等 辺三角形に配置しよう。

三石に合わせて
流れを変える

岬の凸部が広く、三石を置くのであれば、流れの形（縁取り）も赤線（右図上）のように変え、対岸もそれに合わせた形に表現したい（右図下）。なお、石を配置すると、石の間が直線だけで単調になりがちなため、曲線になるように配慮したい。

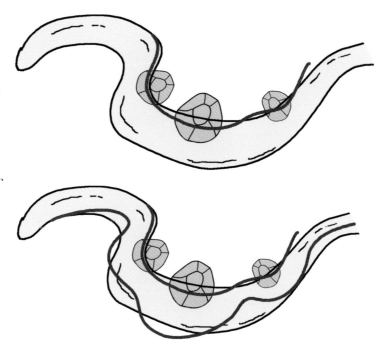

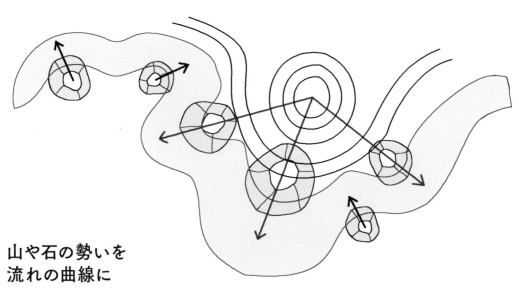

山や石の勢いを
流れの曲線に

石を据えるときは岬（凸部）の等高線を想定し、赤矢印のように山頂から岬への勢いと石の気勢を合わせたい。平地側の凸部も、同様に考えれば良いだろう（黒矢印）。また、平地側の流れの線は、山側の石に跳ね返った水の勢いで削られて窪んだような形に表現したい（赤の曲線）。

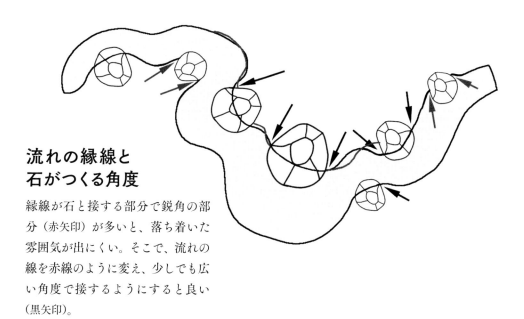

流れの縁線と
石がつくる角度

縁線が石と接する部分で鋭角の部分（赤矢印）が多いと、落ち着いた雰囲気が出にくい。そこで、流れの線を赤線のように変え、少しでも広い角度で接するようにすると良い（黒矢印）。

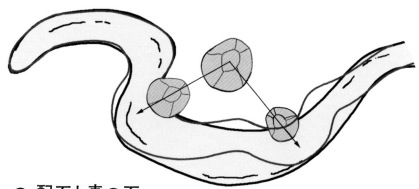

山側への 配石と真の石

石は、流れの縁ばかりに据えるのではなく、山側に配置したものがあっても良い。このときもやはり、不等辺三角形をつくり、鈍角には3石の中で大きめ（真）の石を用いたい。そして、この真の石を中心にして、黒矢印のように他の2石の方向を決める。なお、この2石の大きさは、真の石に対して、中や小程度とすること。流れの縁線は赤線のように変えると良いだろう。

瓢箪池には気勢がない

「瓢箪池」と呼ばれる池を見かけることがあるが、この池の形は右図上のように、気勢が衝突するため、私の作庭で取り入れることはない。自然風庭園では、右図下のように、凸部の反対側は凹部になると捉えたい。

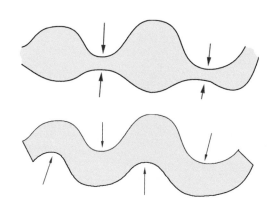

3-7 | 流れ付近の植栽

流れ付近の植栽について考えてみよう。
重要なのは庭全体の大きな気勢の流れを意識して、配置することだ。

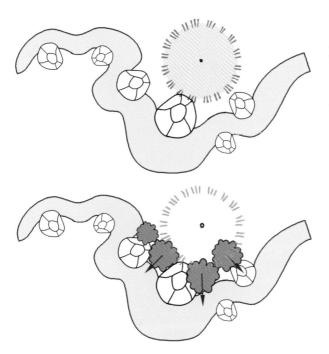

流れ付近の植栽も
気勢が重要

周囲に影響を与えない独立樹を植える場合は、気勢のないもの、あるいは少し流れ側に気勢がある樹形を用いるのが良い（左図上）。灌木を添える場合は、左図下のように、主木とその灌木を結んだ方向（赤矢印）が気勢と考えると、よりなじんで見えるので良いだろう。

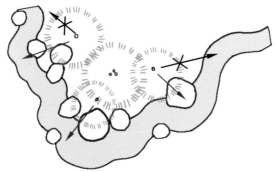

岬を優先し
全体の気勢に逆らわない

樹木を3本植える場合（左図上）、不等辺三角形の配置を念頭に、鈍角の樹木から流れの凸部へ向かう気勢を考慮しながら樹木の配置を決めたい。さらに、樹木1本を加えて4本で不等辺三角形をつくる場合（左図下）も考えてみよう。この場合、植栽だけで考えると、真木の中心から樹木へ結んだ黒線の方向が気勢となるが、このままでは庭全体の大きな気勢に逆らうことになる。そこで、岬の気勢に合わせて、赤矢印の方向を気勢と考えるとうまくいくはずだ。

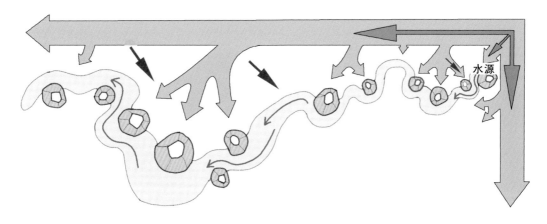

水源

庭全体の大きな気勢の流れを捉える

図の右奥に、気勢の源（重点）としての水源を想定しよう。この重点から、大きな気勢の流れ（濃い緑の矢印）が生じているとイメージすると、赤矢印の方向（気勢）は、この大きな気勢の流れに反することになる。そのため、赤矢印の方向に極端に勢いのある樹木を配置するのは避けよう。

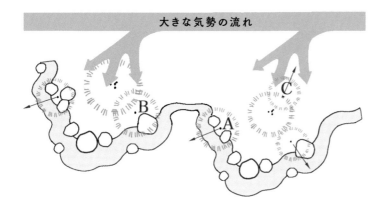

大きな気勢の流れ

気勢を交錯させない

左図AとBのように、植栽が近いと気勢の交錯が生じてしまう。このようなときは、気勢の大きな流れに合わせてAの気勢を生かすことを考え、赤矢印の方向へ気勢を向けて樹木を配置すると良いだろう。Bには気勢のない（少ない）樹木を選ぶことで、気勢の交錯を避けることができる。

同じ線や方向にならないように
敷地が広くなり、流れの模様が複雑になった場合、右図上のように、赤線の部分が同じ線上に並ばないようにしたい。また、右図下のように、同じ方向にならないようにしたい。

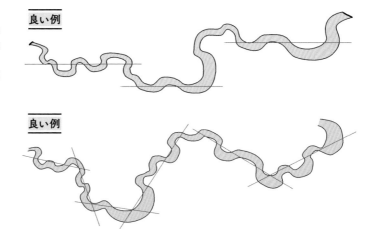

良い例

良い例

3-8 小さい庭に 流れをつくる

狭い庭でも流れをつくり、楽しむことはできる。
水の動きで良い景色を生み出すにはどうすれば良いか見ていこう。

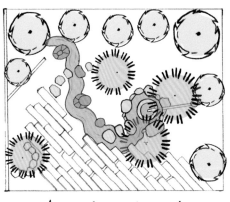

水源としての 蹲踞を設ける

蹲踞を水源とした流れが飛石の間を流れ、徐々に垣根の陰に消えてゆく雰囲気に表現できれば成功だ。流れの幅は20cm前後でも楽しめるだろう。

流れが斜めなら
水面を眺められる

石積の庭にも流れを設けてみた。狭い庭なので、流れの幅は左図同様に20cmほどでも良いだろう。水の流れが横方向になると、重要視点からは水面が見えにくくなるが、斜め、あるいは縦方向なら水面を眺めることができる。

狭い庭のつくり方

水の流れは、狭い庭だからこそつくってみたい。良い動きをつくることができれば、空間が広く立体的になり、奥行き感も出てくる。そのためには、水の流し方が重要だ。例えば、まず水源から重要視点に向かって流れ出し、それから遠くの入隅に向かって流れていく。盛り土などを行い、やや高い場所から水を流し始めることができれば、立体感もつくり出せる。このような効果を積み重ねていくことで、庭は広く感じられるようになっていくだろう。

庭園の添景物としての蹲踞

茶事から生まれた蹲踞は、茶室に入る前に口や手を清めるための施設で、
水鉢や役石などの石とともに一構えで考える。本来の蹲踞は茶事での
実用的なものであったと考えられるが、ここでは、庭園での観賞を
主な目的とした蹲踞について見ていこう。

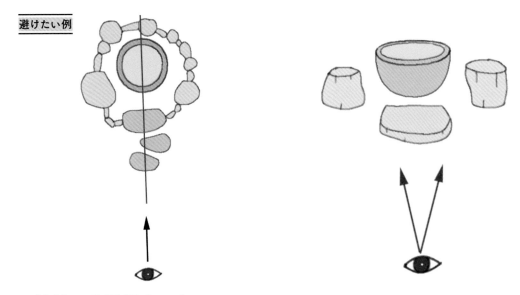

避けたい例

軸線を重要視点に向けない

上図は、蹲踞の水鉢を囲んだ構造の平面図（左）と立体図（右）だ。この形は、役石に囲まれた「海」の中に鉢を配した「中鉢形式」とも呼ばれる。この形でまず気をつけたいのは、水鉢とその前の石（前石）を結んだ軸線（赤線）を重要視点のほうに向けないこと。この軸線を重要視点に向けてしまうと、上の立体図のように水鉢や役石などがすべて見えてしまう。こうなると、奥行きを感じることができず、味気なくなりやすい。

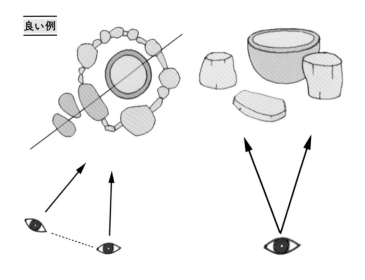

良い例

水鉢と前石の軸線を重要視点から外す

重要視点から蹲踞を眺めたとき、左図左のように、水鉢や前石を結ぶ軸線（赤線）が視点に向かわないようにすると、水鉢が右側の役石でやや隠れる（左図右）。前石の位置に立てばすべて見えるが、重要視点からは水鉢の一部が役石で少し見えにくくなるように配置することで趣が出る。

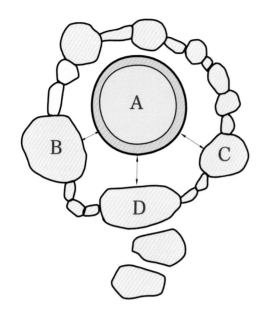

3つの役石に変化を

蹲踞の役石には、前石の他に、湯桶石（C）や手燭石（B）がある。湯桶石は、湯の入った桶を置く場として、手燭石は手燭の置き場として用いられた。流派によって異なるが、湯桶石と手燭石は水鉢（A）の左右に据えるのが基本だと考えて良いだろう。石の大きさについては、水鉢を圧倒するような大きなものは避け、それぞれの大きさには違いをもたせたい。水鉢に対しての距離も同じにせず、変化をつけること。前石（D）についても同じように、違いを設けよう。

手前の役石を大きく

自然風庭園では、蹲踞の水鉢や役石などの周囲に、灯籠や主要な樹木を配置することが多いが、右図のように、それらが一直線に並ぶことは避けたい。また、景色を眺めて楽しむことに重点を置く庭であれば、蹲踞の役石は下図左のように、重要視点に近いほうをより大きくすると、奥行きが出て雰囲気が良くなる。奥側の役石を大きくしたときと比べてほしい（下図右）。

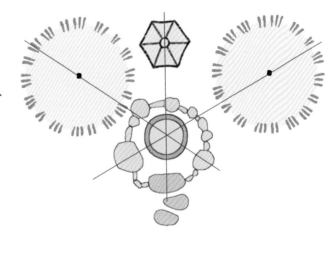

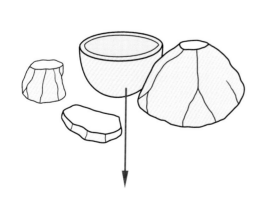

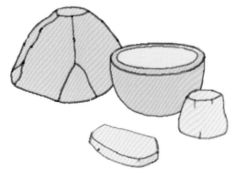

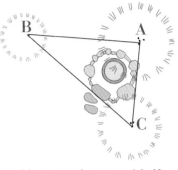

不等辺三角形の植栽と
近景の効果

蹲踞のある庭に3本の落葉樹を植栽した。右手奥（A）にある大きな落葉樹を中心に、中・小サイズの樹木で不等辺三角形をつくっている。手前の樹木（C）を、役石を少し遮る位置にすることで、幹越しに眺める近景の効果で、奥行きと趣を出している。

敷地が広い場合

敷地が広く、蹲踞と周辺の植栽を少し離れた位置から眺める場合は、さらに、視点の近くに近景の植栽を設けても良いだろう。一段と奥行きが出るはずだ。

蹲踞の役石で注意したいこと

良い例

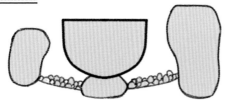

左右の役石で、片方が水鉢をのぞくように乗り出し気味なとき（A）は、一方を仰向けに据えると少し勢いを感じられるようになり（B）、収まりも良くなる。

要一考

上図のように、両方の役石が仰向けの状態で据えられていると安定して見えるが、左右対称になってしまっているので、左上図のつくりの方が良いだろう。

避けたい例

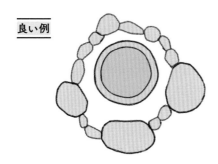

両方の役石が水鉢に向かって乗り出し気味に据えられていると、圧迫感が出てしまうので、避けたい。

水鉢周り框_{かまち}のあしらい方の例

良い例

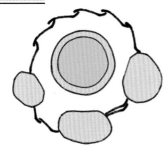

役石と同じ素材で、小ぶりの薄い石を選んで土留とする。厚手の材料を用いるときは、蹲踞の狭い周辺の植栽に影響するので考慮したい。

避けたい例

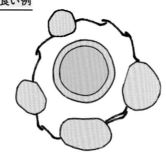

古い瓦や薄い丹波石なども框の素材として良い。ただし、瓦はもろいので、2枚重ねで使っても良いだろう。注意したいのは、上図のように水鉢の前後で極端に異なる素材を用いないようにすることだ。

良い例

素材の違いが極端にならないように、役石の素材と同じような素材を、水鉢の奥にもう1つ用いるのも、1案として良いだろう。

いかにして庭の気勢を
つくっていくか

敷地の条件を受け入れる

　庭全体で気勢をつくり出していくやり方は
いくつかある。

　まず、庭の中が平坦で、庭に接する道や
土地も平らであれば、気勢の向きはどのよう
にも設定できる。建物から見て、右から左へ
と流れる気勢でも良いし、左から右に流れる
気勢でも良い。

　一方、庭に接する土地が高かったり、低
かったりする場合は、その条件を自然のもの
として受け入れ、活かす方法を考えたほうが
良いだろう。

　基本的には、気勢は高いところから低いと
ころへ流れるので、隣接する土地が高けれ
ば、そこから気勢が下りてくるように庭をつ
くっていけば良い。そうすれば自然な流れが
生まれるし、庭が隣の土地に続いているよう
に見えるので、空間が広く感じられるように
なる。これとは反対に、隣の土地が低ければ、
そこに気勢が流れ落ちていくようにすれば良
い。

風景にも前と後ろがある

　庭をつくるときは、まず何をつくるかを決
め、それによって重点の位置が決まる。

　例えば、蹲踞を重点とするならば、その背
後から気勢が下りてくるような場所に配置し
ていく。すると、山の裾から水が湧き出てい

るような自然さが出てくる。

　人は、意識しなくても、いろいろなものか
ら流れや勢いを感じ取っているものだ。それ
が初めて見るものであっても、どちらが前で、
どちらが後ろなのか、何となくわかる。その
見当が外れることもあるが、そのようなとき
は強い違和感を覚えるものだ。

　前後がないと思える木や石でも、その形を
見れば、どちらが前でどちらが後ろなのか、
意識せずとも感じ取っている。また、庭全体
の風景からも、どちらが前で、どちらが後ろ
なのかを感じているはずだ。

自然の中にいるような雰囲気

　普段は意識されない感覚、作庭家はそれ
を意識して庭をつくる。実際には土地に高低
がない平坦な場所でも、左右どちらかの奥に
山があると想定して、全体の勢いの中でさま
ざまな素材を配置していく。勢いに反するよ
うな置き方はしない。このような意識で庭を
つくっていくと、自然の山の中にいるような
雰囲気が漂い始める。

　私たちは、山などの自然豊かな場所に行く
とき、その風景の中で独特な気の流れを感じ
取っている。

　自然風庭園では、見栄えを自然と同じよう
にするだけでなく、自然の中にある気勢を庭
の中で再現することにも心を配りたい。

第**4**章

見えない空間をつくる

　もし、庭をつくって、実際の面積よりも広く感じさせることができたら、それは成功した庭だといえるだろう。いかに広く感じさせるか、その実現には、まず近景と空間が大切な要素となる。

　「美とは、目に見えるものと見えないものとのバランスだ」と、ある書物で読んだことがある。今でも、その通りだと思う。庭園の場合、見えないものとは空間だ。見えない空間をつくること、これは落語や漫才でいうところの「間」に似たものであり、庭づくりにおいても、大切な要素なのだ。

4-1 | 近景と空間の広さ

庭に対する評価の基準の1つは、限られた空間以上の広さを感じさせること。
それができれば成功した庭だといえるが、ここでは近景の効果について
見ていこう。

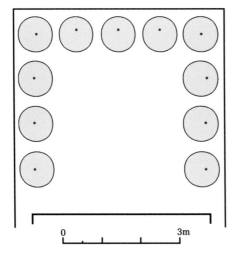

空間はあるが……
それ以上の広さを感じない

上図と左図は、外周に植栽を行った
だけの庭だ。この場合、空間はある
が、それ以上の広さは感じられない
だろう。どうすれば、これ以上の広さ
を感じさせる空間をつくることができ
るのか考えてみよう。

10年先を楽しむ植栽

建築が完成すると、残った空間に樹木や草花を植えて
みたくなるものだが、費用に余裕がない場合もある。
このような場合は、最初から大きな樹木を植えること
はせず、樹種と配置を想定して3〜50cmほどの苗木
を植え、10年先の成長を楽しめば良いだろう。

良い例

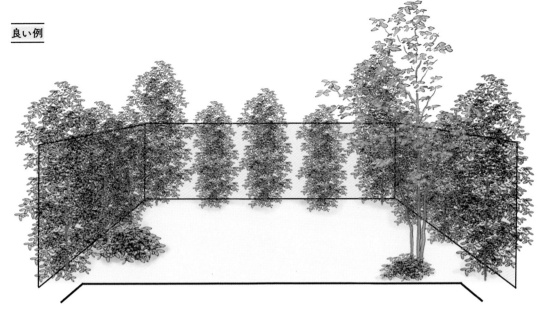

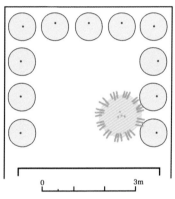

0 —|—|—|—| 3m

近景がプラスの
空間を生み出す

上図では、右手前のところに、外周の植栽より少し
内側に飛び出すようにして落葉樹を植えてみた。こ
うすると、観賞者は幹越しに奥の空間を見ることに
なる。あるいは、左側に背の低い灌木を植えるのも
1案として良いかもしれない。いずれにしても。こ
れだけで少し奥行きを感じるようになったと思う。
これが「近景」の効果だ。

避けたい例

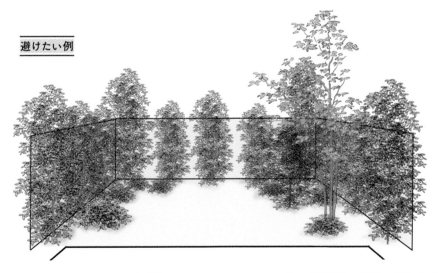

空間を
埋めてしまうと…

上の平面図で褐色に描かれた樹木は、近景の
効果を出しているが、この図のように、せっか
く近景で生まれた後方の空間を樹木で埋めて
しまうと、近景の効果がなくなってしまう。

4-2 | 入隅の空間を意識する

空間を広く感じさせるにあたって、まず意識したいのが入隅だ。
入隅は、庭の中で最も奥行きがある部分であり、
下手に埋めてしまうと狭さを感じさせる原因となる。

良い例

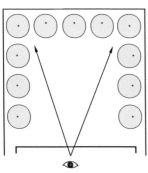
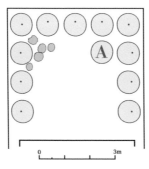

入隅に大きな木を配さない

左図Aのように、入隅付近に高い木や大きな木を置くと、狭く感じてしまう。ただし、上図のようにテラス、花壇、池のような低い施設を用いている場合なら、入隅の空間は埋めてしまっても問題ない。また、図のように施設の手前に近景を添えれば、雰囲気も良くなるだろう。

近景は透けるように

近景の樹木に、後方が透けて見えない常緑樹を用いるのは好ましくない。常緑樹を用いる場合でも、ソヨゴやシラカシの株立ちなど、幹を透かして後方が見える素材を用いるべきだろう。目線から下の枝葉を整理、剪定する管理も必要だ。

避けたい例

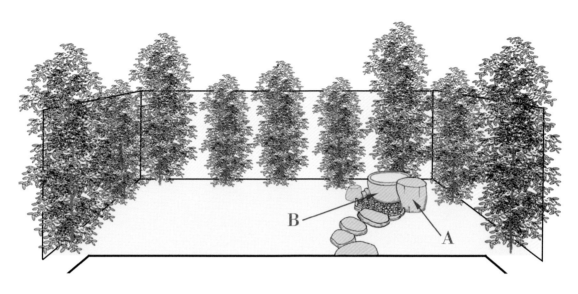

蹲踞の役石を近景にする

奥行きのない敷地だと、蹲踞で奥の入隅を埋めることもある。そんなときは、上図のように水鉢（B）に対して役石（A）が近景になると捉えたい。その際、水鉢はすべて隠す必要はなく、役石がわずかに重なる程度で良いだろう。さらに、左図のように近景の樹木を植えれば、蹲踞そのものが奥に広がる空間となる。

灯障りの木と飛泉障りの木

灯籠などの石造物や、彫刻などの芸術作品を庭園の素材として用いる場合も、すべてを見せてしまうと、ややうっとうしく感じられる。そこで昔から、灯籠には「灯障りの木」（右図左）、滝には「飛泉障りの木」（右図右）など、姿の一部を隠すための「役木」というものがある。

4-3 | デッキやテラスで
空間を広げる

眺めて楽しむ庭もあるが、戸外に出て楽しむ庭もある。デッキ、
あるいはテラスで躍動感をつくり出す庭について検討していこう。

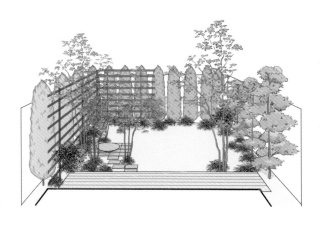

デッキのある庭

一般的にデッキは建物と平行に設けられる。そして、作庭にあたっては、デッキはすでに完成していることも多い。そのような場合、デッキの素材に似た材料でトレリス（フェンスの一種）などを設けると、一体感が出て落ち着いた庭になるだろう。さらに、重点として大ぶりの水鉢、あるいは花鉢を配し、周囲には落葉樹を3本植えた。この庭を元にさまざまな展開例を見ていこう。

良い例

デッキ上部の扱い

先に見た例のように、植栽だけでもある程度遠近感を出すことができるが、上図のように、手前のデッキ上部をパーゴラ（日陰棚、つる棚）やテントで覆うことで、空間が引き締まり、奥行きが出る。

デッキの縁を斜めに

デッキの縁を斜めに変えた。これに
よって庭に動きが出て、右奥付近が
広く感じられるようになった。デッキ
面も広くなり、利用しやすさも高まっ
ている。

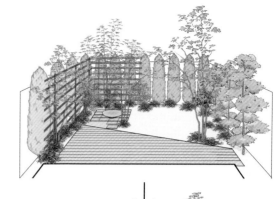

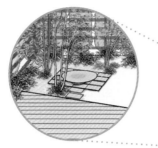

水鉢の向きをデッキの斜め
の向きに合わせた。

平行と斜めを混ぜる

デッキの縁線に平行と斜めの両方を
交ぜてみた。上図に比べると少しや
わらかい印象になり、庭全体が落ち
着いた雰囲気になった。

良い例

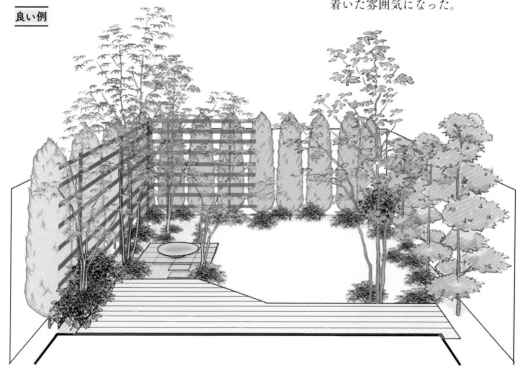

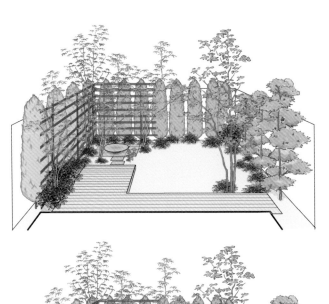

デッキ入隅の
直角を和らげる

左図上のように、デッキを直角に曲げて拡張してみたが、このままでは少し硬い雰囲気になってしまう。そこで、入隅の直角部分を、左図下のように斜めにした。これによって鋭く、硬い印象が和らいだのではないだろうか。なお、赤矢印で示した2つの入隅の角度は同じほうが良いだろう。

近景を
デッキに入れる

デッキの空間が広いなら、例えば下図のように、左側の空間の一部に緑陰の樹木を植えると、近景の効果を出すことができるだろう。

デッキの縁線を曲線に

デッキの縁線を曲線にして水鉢を据え、3本の落葉樹でまとめた。右側には近景の落葉樹を1本配置し、水鉢の周りだけに重みが偏らないようにした。

デッキ側面に階段を

デッキ側面に階段を設けてみた。これによって、重要視点から段差が見えることで、より広さを感じられるようになった。階段をつくる場合、視点から見えないと効果が出ないため、注意が必要だ。

良い例

水鉢を取り囲むように

水鉢の曲線に合わせてデッキの縁線を延ばし、水鉢を取り囲むように表現した。先の例よりも一体感が生じたのではないか。水鉢の周囲に張石、あるいは花壇を設けても良いだろう。

中景の樹木を植える

水鉢の位置を、より奥側に変え、元の水鉢の場所には樹木を1本植えて中景とした。

直線の縁線に池を配置する

デッキの先端に池を設けてみた。また、デッキの形を直線にし、縁線を強調した。直線にする場合、上図のような曲線と比べて加工がしやすい利点もある。

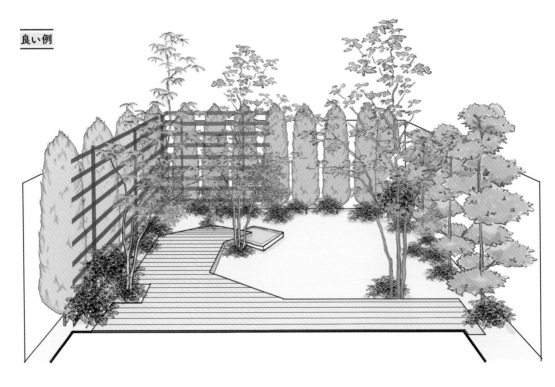

デッキをテラスに変える

下図では、デッキをテラスに変えたことで、自由な曲線を表現しやすくなり、S字の凹凸の形によって庭の雰囲気を大きく変えることができるようになった。凹部を強調すると、広さがより感じられるようになるだろう。

デッキとテラスの違い

建築におけるデッキは、建物内の居室を延長したようなイメージでつくられることが多い。材料は木材や樹脂など。室内の床と高さを合わせて、建物の中からスムーズに移動できるように工夫されるケースもよく見られる。一方、テラスは庭の一部としてつくられることが多い。石やタイル、木などの材料を用いて、庭の地面よりやや高くして造作する。庭の表現であれば、テラスのほうがアレンジしやすい。

テラスの曲線を変える

また、凹部の面積が少なくなると（右図の黒線）、凸部のAとBの表現が薄れ、感じる庭の広さが変わる。下図のように曲線凸部の大きさを変えると、印象はどう変化するだろうか。

4

見えない空間をつくる

池で変化をつける

上図のように、左側凸部に池、あるいは花壇を設けるのも良いと思われる。ただしこの場合、後方に少し空間がほしい。

右側に近景を設ける

下図のように、テラス右側に石積あるいは植栽で近景を設けると、景色が締まる。また、奥行きの空間も強調された。

良い例

独立したデッキを設ける

敷地によっては、影ができて地被類が育ちにくい場合もある。そのような場所には独立したデッキを設けると良いだろう（左図上）。ただし、方形にすると手前の角が鋭い印象になってしまうので、隅切をしたい。右手前に水鉢を据えてバランスをとるのも良いだろう。

水鉢を蹲踞にする

左図上の水鉢を、左図下のような蹲踞に変えても不自然さは出ないはずだ。

良い例

奥に行きたいと思わせる

デッキの形に変化を与えた。上部にはパーゴラを設けて、空間を引き締めた。手前の近景には樹木を植えることで、奥行き感を出し、広さを感じさせるようにした。奥のデッキに行ってみたいと思わせる印象が、より強調されたのではないだろうか。

4-4 | 前庭のあしらい

前庭とは、建物の玄関から道路までのスペースにつくられる庭のこと。
ここからは前庭のつくり方を考えていこう。

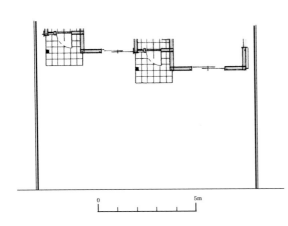

想定条件

- 玄関が2つある2世帯住宅
- 南面は4m道路に接する
- 間口は幅約11m
- 奥行きは約5m
- 駐車空間は普通車と軽自動車の2台分

前庭設計の一例

まず、玄関までの通路を世帯別にするか検討する。その上で、車がないときでも、敷地の入り口を意識させたい。また、開放的なつくりではあるが、遮蔽も考慮し、トレリス（フェンスの一種）、あるいは生垣を設けたい。樹木の配置は建物を引き立てるとともに、景観としても大切であり、不等辺三角形を意識して配置したい。

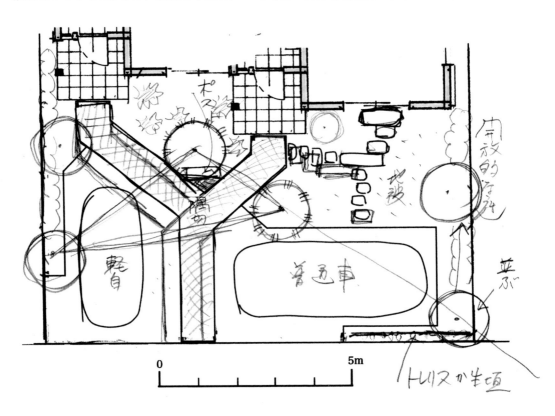

導線の踏み出しの
角度は直角に

導線の踏み出しの角度（赤矢印）は、直角あるいはそれに近い角度にしたい。鋭角になると、踏み出しに立ったときに無理に方向転換をさせられるようで落ち着かない。

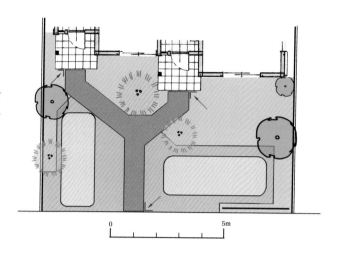

0 　　　　　　　　　　5m

公道との境目に仕切りを設け
緑地部に主木を配置する

公道に面した右側には生垣、あるいは下図のように格子状の仕切りを設け、カロライナジャスミンやツキヌキニンドウなどの蔓物をからませるのも良い。目隠しができるだけでなく、植物を楽しむこともでき、近景の効果も出せる。塀で完全に遮蔽してしまう

と、リビングからの眺めが悪くなるのでこれは避けたい。図の黄緑色の部分は緑地部だ。この緑地部では、まず主木（1本～3本）を不等辺三角形に配置し、その他の場所には好みの中木、灌木、草花を植えて楽しむと良い。

良い例

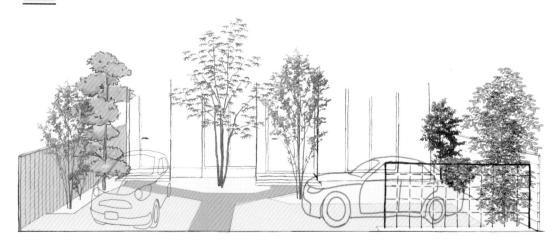

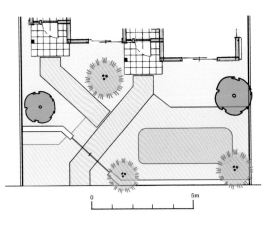

通路の表面素材を変える

この作例では、私生活を守るため、公道に面したところに塀を設け、門扉をつけた。この場合、車の出入りには少し注意が必要になるだろう。玄関へと導く通路と駐車場は同じ高さ（面）ではあるが、図のように、表面素材を変えて導線をはっきりと明示したい。なお駐車場は、予算に応じて模様や表面仕上げを変え、車がないときでも楽しめるようなしつらえができると良いだろう。

樹木の位置と役割

公道側から眺めて、図のAは門付近の近景として空間を引き締め、B（常緑樹でもよい）は角地を押さえ、Cは門を入った際の玄関付近の近景樹として建物を引き立て、Dは塀の背景をしっかりと受け止める、といったように、それぞれの樹木には役割があり、それぞれ重要な位置で効果を生み出している。これらの樹木は、互いの距離に変化をつけ、並ばないようにすることが重要だ。

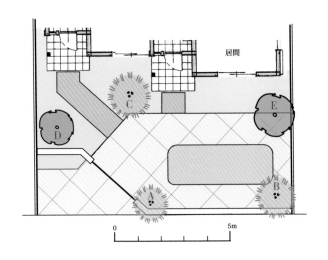

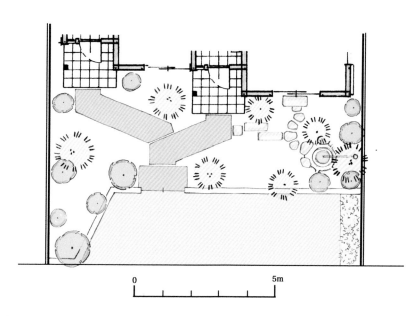

0   5m

駐車場を囲いの外に設けた場合

駐車場を囲いの外に設けた。狭い庭ではあるが、蹲踞を設けて楽しむこともできる。蹲踞付近には落葉樹をあしらい、軽快な雰囲気にして、公道に面した左側角には常緑樹を配置し、門の両側には常緑樹と落葉樹を植える。異なる樹種で門を挟んだ雰囲気にしないよう考慮し、門から入った正面に落葉樹を植えれば、部屋の遮蔽と近景の効果を期待できる。

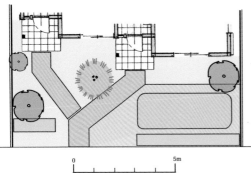

0　　　　　　　5m

公道から玄関までの
距離が短い場合

造園的な観点からいうと、公道と建物の距
離が短ければ車は1台にしたい。門扉も、な
いほうが開放的な雰囲気になるだろう。公
道側に生垣、あるいは格子に蔓物をからめ
たものを配置して緑を保ち、左側の生垣は
省略しても良いと考える。住宅の庭園にお
いて、導線の幅は無駄に広くすると庭を狭
く感じさせてしまう。約1mあれば十分だ
ろう。導線を考えるときは、主要な玄関を
優先すると良い。

要一考

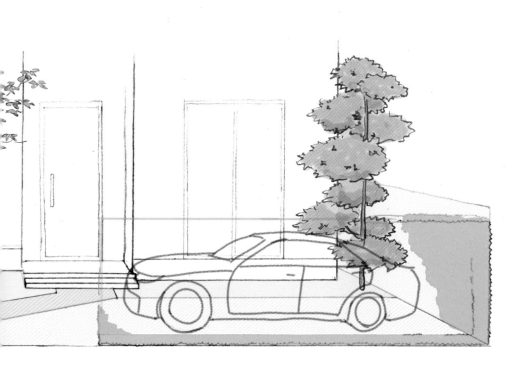

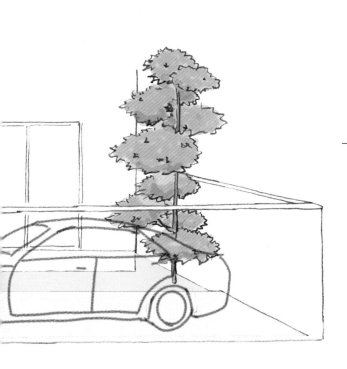

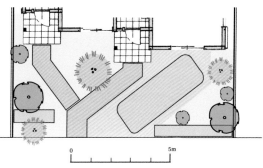

0　　　　　　　　　　5m

斜め駐車の弊害

車を斜め駐車にする考え方もある。ただし、この場合は居間からの雰囲気が目障りなものになる。また、私生活を守るべく狭い空間を囲ってしまえば、植物の扱いに違いがなくても、車の使い勝手が悪くなる。

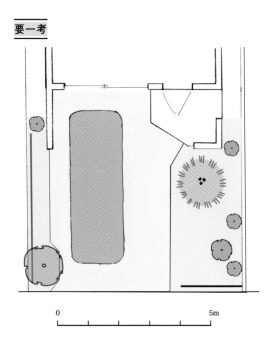

0   5m

狭い敷地の前庭

コンクリート舗装金鏝仕上げ（施工時にコンクリート表面を金属の鏝で押さえつけて平滑にする仕上げ）の前庭。使い勝手は良く、玄関前と左側に植栽はあるが、住まいの顔としては少しさみしい。

舗装部に格子状の目地を入れる

予算が許せば、前庭の舗装部は表面仕上げを施したい。例えば、駐車場と玄関通路の模様を一体とし、格子状に目地を入れ、マス目ごとに表面仕上げで変化をつけるとよいだろう。植栽空間は少ないが、格子状の素材に蔓物を絡ませれば緑も確保できる。下図のように右手前に配置すると、引き締まった雰囲気になる。

良い例

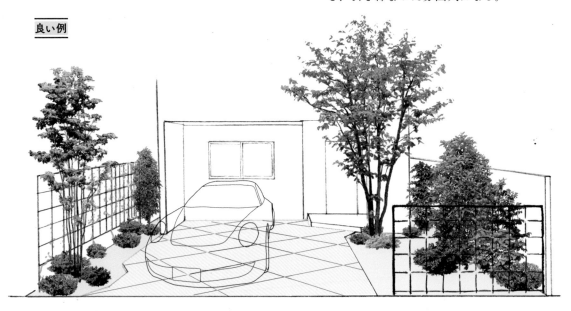

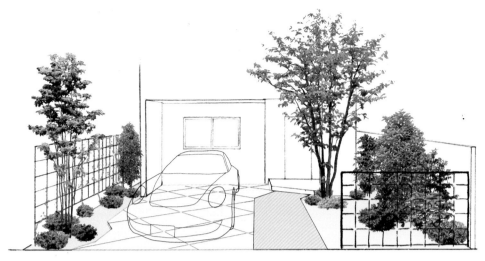

仕上げを変えて
通路を意識させる

駐車場の舗装と導線の表面仕
上げを変え、玄関通路を意識
させるようにした。

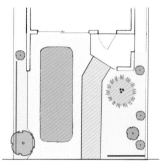

良い例

導線に変化をつける

導線を曲げて変化をつけると、視
覚的に距離を感じさせることも
できる。導線の凹部に植栽（A）
を配すと、近景が建物を引き立
て、奥行き感も出る。

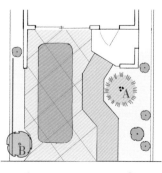

4-5 | 上下の変化で 奥行き感を出す

庭に広さを感じさせる手法は、近景による技法だけではない。
上下の変化によっても奥行きや広さを感じさせることができる。
ここではその方法を見ていこう。

一般的な蹲踞

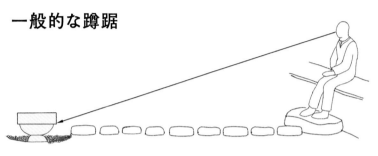

降り蹲踞

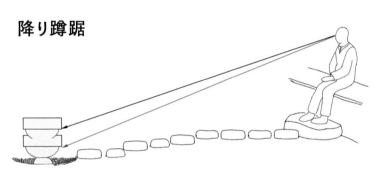

蹲踞に
向かって下がる

平地の蹲踞より、前石に向
かって下がっていく降り蹲
踞のほうが、観賞者は奥行
きを感じる。ただし、降り
蹲踞を設けるには排水を考
慮しなければならない。

垣根の前後の高さを変える

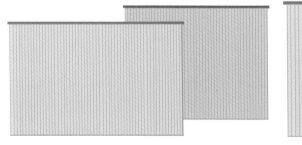

低い後方が
奥行きを出す

2つの垣根が前後に重なるとき、後方の頭が
高いもの（上図左）と低いもの（上図右）では
どちらを選ぶべきだろうか。より奥行きを感
じさせるのは、後者の頭が低いものだ。

2つの垣根の高さと視点

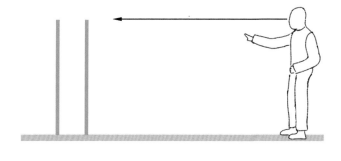

すべての高さが同じ

前後に設けた垣根の高さは同じ。視点の高さも同じであるときは、2つの垣根は同じ高さに見える。

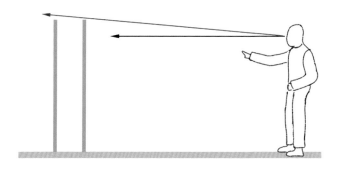

視点は低く垣根の高さは同じ

垣根が視点より高いと、後方の垣根が少し低く感じられる。これによって、奥行きが出てくる。

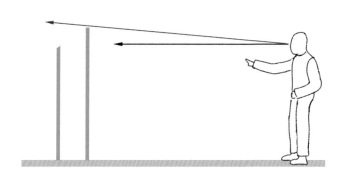

視点と後方の垣根が低い

視点から見える後方の垣根を低くすると、奥行きを強く感じるようになる。この効果を意識的に用いれば、狙った奥行き感を出せるようになるだろう。

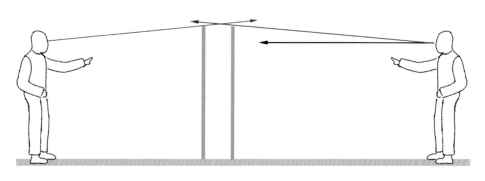

両側から眺める場合

前後両側から眺める仕切りの場合、目線より高くすることで、同じ高さでも後方が低く感じるため、奥行き感が出る。

額縁効果
──本当に自分がそこにいるような雰囲気

近景は観賞者を引き込む

以下の①〜③の絵をご覧いただきたい。

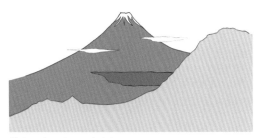

①山の陰に遠くの富士山を見る

②①の手前に松を置き、その枝越しに見る

③②を額縁に納めて見る

②で見られる構図は、浮世絵などでよく見られるものだ。例えば、葛飾北斎の有名な作品『富嶽三十六景 神奈川沖浪裏』。海の大波が近景となり、その向こうに富士山が少し見えるという構図だ。富士山だけを描いた構図よりも、不思議と躍動感のある動きに引き込まれる感じが出ている。

見せたい素材であっても、あまりに見せすぎてしまうと、かえって「うっとうしい」と感じてしまうものだ。庭を見せたいのであれば、こだわりの素材ほど、少し隠してあげたほうが良いだろう。チラチラと見えるほうが、観賞者は庭に引き込まれるものなのだ。

近景の効果で庭との一体感が出る

また、③のように、額縁が入ると全体がさらに引き締まって見える。額縁が近景の効果を生んでいるのだろう。庭も、部屋から眺めると、窓枠が額縁のような効果を生み、窓の外で見たときとは異なる印象になる。庭の景色がさらに締まり、奥行き感も強く出る。観賞者は庭との一体感を覚えやすくなり、思わず外に出て庭を眺めてみたいと感じるようになるだろう。

そして、実際に外に出れば、重点などの見所が、植栽による近景の効果で見え隠れする。観賞者は庭に引き込まれたような気持ちになり、庭の中を少し歩いてみたいという気持ちが高まっていく。歩を進めれば、さらに近景があり、消えていく踏石を見ては存在しない空間を感じて奥行き感を覚えていく。ここまでくると、観賞者も庭の一部になっているのかもしれない。こうなれば、成功した庭だといえる。

部屋の中から庭の奥まで、どこまでも近景が続くようにしたい。

第5章 つながりをつくる

　例えば、洋風建築に蹲踞のある庭を
つくるとき、自然風の沓脱石と飛石で
つなぐという考え方はできる。ただし、
建物の接点に、どうしても少し違和感
が出てしまうものだ。そのような場合、
例えば、沓脱石を加工した角形の切石
に変えてみると、接点の違和感がなく
なることがある。庭との接点では、飛
石の他にテラスを設けてつなぐという
やり方もある。あるいはウッドデッキで
もいいだろう。そのような、建物と庭
の接点における表現方法を検討してみ
よう。

庭の一体感を生み出す自然な接点

建物から庭を眺めたとき、鑑賞者が庭の一部に溶け込んでいると
感じられるようにしたい。そこで、ここでは建物と庭をつなぐ
接点の基本について考ていこう。

つなぎ方で印象が変わる

図Aは和風建築から沓脱石に降り、飛
石で蹲踞につないだ案だ。図Bでは、
建物周りに犬走り（建物の周りを取り
囲むコンクリートや砂利などの細長い通
路。建物を湿気などから保護したり、歩
きやすくしたりする）を設けて、そこか
ら飛石で蹲踞までつないだ。このBの
方がAよりも建物と庭がなじんだ接点
になっている。建物が洋風建築の場
合は、図Cのように、自然石の沓脱
石よりも加工された角形の切石のほ
うが、違和感がなく合うだろう。

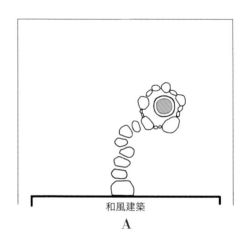

和風建築

A

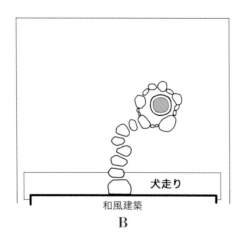

犬走り

和風建築

B

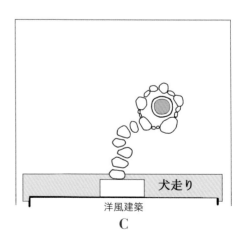

犬走り

洋風建築

C

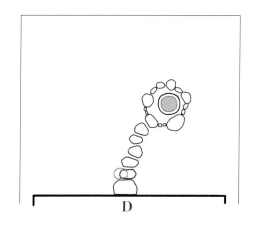

D

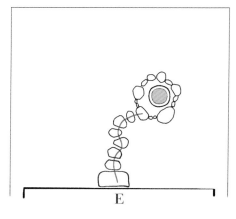

E

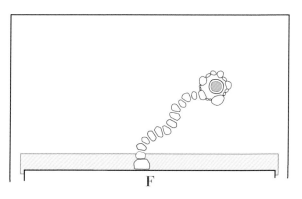

F

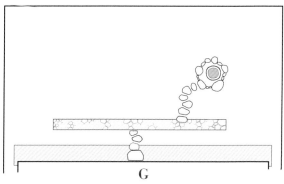

G

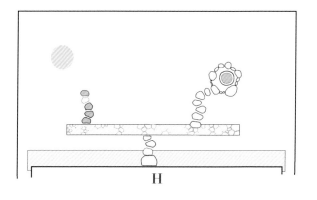

H

出だしの飛石は
目的地の反対側へ

前述したが、飛石を打つ場合、図Dのように目的地に向かって打つと、実用的ではあるものの、意匠としては味気ないものになる。少なくとも、最初の出だしは目的地の反対側に打つことで、味気ない雰囲気を変えるようにしたい。また、図EのようにやわらかいS字を描くように打つと、同じ距離でも奥行きを感じられるようになる。

広い庭では
延段を設ける

庭が広くなると、重要視点から重点までが遠くなる。そして、飛石を打つ場合、長い距離を打つことになる（図F）。こうなると、うまく打てたとしても、うっとうしいものになってしまうだろう。そこで、図Gのように延段を設けてつなぎ、歩きやすく、意匠もすっきりさせたい。横長に広い庭では、図Hのように、例えば●のあたりに何かを設けて飛石を打つ場合、飛石の出だしを左右で変えるなどしたい。また、最後まで石を打つとうっとうしくなるので途中で止め、図のように1石あけるのも味がある方法だ。

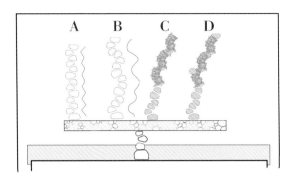

延段を設けた場合の石の打ち方

Aのように、飛石を交互に打つのは味気ない。のんびりとS字を描くBのように打つと良いだろう。飛石の途中から他の素材に変える場合、Cのように極端に変えてしまうのではなく、Dのように、いくらか余韻を残して融合させると自然な雰囲気になる。また、延段を設けたにもかかわらず、飛石と十字で交差するのでは延段にした意味がないので、十字の交差は避けたい。

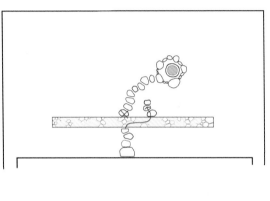

良い例

延段の効果

延段があると適度な「間」が保てるようになる。特に、敷地が広めの庭は、何もない空間が広くなりやすく、どこか間延びしたような雰囲気になりがちだ。そのような場所に延段を設置すると空間が締まり、庭の中へ踏み出したくなるような雰囲気をつくることができる。

避けたい例

延段は簡素な意匠で歩きやすく

延段の良さは、歩きやすく、また簡素な意匠にあると思う。上図のように横が広く縦が短いと、重苦しく、目障りにも感じるので注意したい。

延段の幅と長さ

住まいの庭での延段の幅は40〜50cmほどあれば良い。広くしすぎると庭を狭く感じさせてしまう原因になる。長さも5mくらいが良いだろう。長くする必要がある場合は、延段を2本、あるいは3本を使ってつなげたい。

2本の延段をつなげる

庭の幅が広く、延段を2本つなげる場
合、上図のように後方の延段の幅を少
し狭くすると、視覚的に奥行き感が出
る。

欠き込みを
用いた延段

上図の方法のほかに、欠き込みを用い
たつなげ方もある。この場合、追加し
た奥側の延段に欠き込みを入れ、主で
ある手前の延段には欠き込みを入れな
いほうが良いだろう。

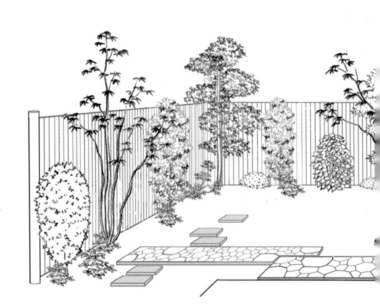

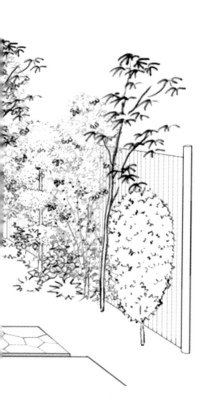

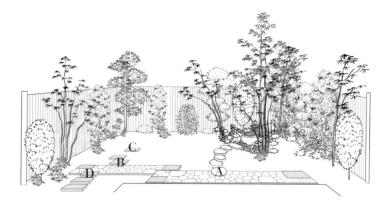

延段の接点と
角石の扱い

上図のA、B、Dのように、延段との
接点は繰り返しにならないように変化
をつけたい。そしてCの部分は、3つ
の角石で終わらせるのではなく、1石
飛ばして少し余韻を与えるなど、見る
人に堅苦しさを感じさせない遊び心も
ほしい。

庭における余韻

庭を見る人は、庭の細部をすべて見ている
わけではない。庭のいろいろなところを眺
めながら、ときに部分的に詳しく見つつ、
庭を1つの景色として捉えていく。このと
き、鑑賞者の印象の中で解釈の余地があっ
たほうが良い。そのほうが好ましい感覚を
覚えてもらいやすいように思うからだ。踏
石を1つなくしたり、添景物を近景で少し
隠したりするのも、鑑賞者に想像の自由を
持たせたいからで、庭の余韻とは鑑賞者に
想像の余地を残すことなのかもしれない。

テラスやデッキで
建物と庭をつなぐ

建物と庭の接点には、延段以外にもテラスやデッキが使われる場合もある。
ここでは、そのような場合を検討してみよう。

避けたい例

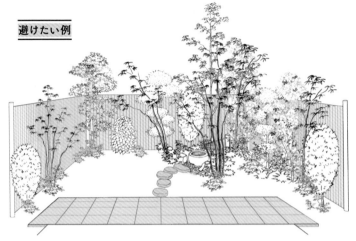

よく見られる光景だが、テラスと自
然形の飛石の組み合わせは違和感が
出る。

テラスに飛石を
打って融合させる

家をつくるときは、建物と庭
を同時に設計するのが一般的
であり、テラスが設けられる
場合、完成時には建物と平行
につくられることが多い。しか
し、建物、テラス、蹲踞がそ
れぞれ分かれた存在に感じら
れてしまうのは良くない。そこ
で、例えば下図のように、テラ
スの中に飛石を打って融合
させると、庭と建物が近づい
た感じになる。

良い例

斜めのテラスは
不安定さを
感じさせる

上図では、テラスの形を建物に対して少し斜めに
なるように変えた。ただし、このままでは不安定
さが感じられ、落ち着かない印象になる。そこで、
下図のようにテラスの一部（左奥）を建物と平行
にした。印象はどう変わっただろうか。

テラスを平行・直角に広げる

上図では、テラスを平行と直角に広げ
てみた。蹲踞のやわらかさとテラスの
直線がなじまないようであれば、テラ
スの中に飛石を打つと良い。下図では、

テラスの平行と直角に合わせて水鉢を
角形にし、飛石も角形にした。少し堅
い印象ではあるが、1案としては良い
だろう。

良い例

蹲踞と植栽の位置を変えて広く感じさせる

上図と下図では、どちらもテラスは同じで、蹲踞の位置と、その付近の植栽などを変えてみた。下図では、右側の空間が広く感じられるかもしれない。

良い例

テラスの凹部を
飛石で埋めない

テラスの凹部（丸破線）を飛石で埋めてし
まうと、テラスの良さや広さが失われる感
じがする。そこで、下図のように凹部の空
間を埋めないように飛石を打ちたい。

良い例

5
つながりをつくる

形で広がりと動きを
感じさせる

デッキの形を大きく変化させてみた。テラス
が奥に広がり、動きが感じられ、良い雰囲気
の庭になっていると思う。下図も、テラスの
奥に角形の水鉢を配置したことで、右側部分
に広い空間ができた。これも良い案だ。

良い例

テラス凸部と水鉢の勢い

上図では、テラスを直線から曲線に変え、それに合わせて水鉢も円形に変えた。ただし、このままではテラス曲線の凸部と水鉢の勢いが衝突して重苦しく感じられる。そこで、下図では水鉢を少し手前に動かして凸部との衝突を避けた。この意匠のほうが、景色をやわらかく感じられるだろう。

良い例

水鉢の気勢とテラスの凹部を合わせる

上図の赤線と赤矢印で示したように、水鉢の気勢はテラスと衝突しないように、テラスの凹部に合わせると落ち着いた感じに収まる。また、飛石を打つ場合も、下図の赤矢印方向の空間は残したほうが良いだろう。

庭づくりを身につけるために

「知っている」と「できる」

　庭づくりが完成するまでには、造園家、庭師、植木屋、石材屋といったように、多くの技術者や専門家、職人などが携わる。そして、どのような職種であれ、仕事を続けていけば必ず「壁」に突き当たるものだが、この「壁」を打ち破るには繰り返しの努力が必要だ。

　以前、私が造園の講習会で講師を務めた際、造園に必要なロープの結び方を受講者にたずねると、「知ってはいるが、実際にできるかどうか不安」といった顔を多く見た。これでは技術者失格である。

　一度やり方を習った程度では半人前以下で、こうした技術は、手を汚し、皮膚がすり減るくらい繰り返し練習し、目をつむってでもできるようになって、はじめて一人前なのだ。

「教材」は至る所に

　とはいえ私など、何もできない若手の頃は、植木の穴掘りが専門で、スコップの持ち方に始まり、与えられた指示をこなすだけで精一杯だった。しかし、仕事を繰り返しこなしていくにつれ、徐々に植木屋として必要な体ができてきた。その頃になると、仲間の仕事を何気なく盗み見るようになり、そこへ自分なりの考えを加えることで、より良い仕事ができるようになっていった。

　昔は「仕事は盗んで覚えろ」といわれたものだが、今の時代、手本はどこにでもあり、街に出れば良いデザイン、良い施工と、「教材」がたくさん転がっている。そこで重要なのは、「なぜだろう？」と自分なりに突き詰めて考え、判断することだ。また、庭の草取りひとつも馬鹿にしてはいけない。雑草の名前を覚える機会を喜び、鎌の扱い、研ぎ方など、何事も楽しんで臨みたい。

自然という「教材」

　私が造園会社に入社して2年が経った頃、幸運にも師匠とともにハワイでの仕事をする機会を得て、2か月半ほど滞在した。

　このとき師匠は、自然風の庭をつくるにあたり、現地の植物を使用した。1964年当時、日本では温室でしか見ることができなかったヤシ類、ベンジャミナ、ポインセチア、ブーゲンビリアなど、珍しい植物ばかりで、植物名も英名か学名で呼ばれていた。

　この経験は私にとって非常に大きな刺激となった。そして日本に帰ってから、洋書の植物図鑑を購入して植物名を覚えたり、日本の植物の学名を調べたりしたことは、今でも強く記憶に残っている。

　師匠は、山登りや、海へ遊びに行くために休暇を取ることに寛容な人であった。そのおかげで私は自然に接する多くの機会を得ることができた。そして、この経験を振り返ってみると、後の庭づくりに役立ったことが少なくない。だから、自然風庭園を目指す、特に若者には、できるだけ自然に接する機会を持ってほしいと願っている。

　なにも、高山に登れ、というわけではない。近くの、それほど有名でない山、あるいは小川などの景色を眺めるだけでも良いのだ。その経験は頭の片隅に残り、必ずどこかで役に立つだろう。

第**6**章

指導例

造園の講習会で講師を務めることがある。参加者は学生や職人などさまざまな方たちで、「自然風庭園」というテーマのもと、各人には課題として設計と施工に取り組んでもらった。この講習会を通してつくられた作例を振り返ってみると、私には思いつかない意匠も多く、学ぶところも多かった。また、原案をもとに、よりよい展開の仕方を参加者らとともに検討し、構造物から植栽までの展開例を考案したことは、発想を育むのによい経験となったはずだ。そこで、この章では実際に講習会で発表された原案作品と、その展開例を紹介したい。

指導例①

原案作品

主要な素材は一直線にしない

原案では、蹲踞のある庭がつくられた。ただし、蹲踞に向かう飛石が、視点から見て少し遠回りしている印象がある。また、下図の矢印が示すように、主要な素材が一直線になることは避けたい。

飛石の位置と大きさを
変えて奥行きを出す

竹垣で囲って植栽をした。また、飛石の出だしを、延段の中央になることを避けつつ、少し右に寄せた。さらに、左図Aの位置の飛石をやや小ぶりなものにした。こうすることで、庭に奥行き感が出たかと思う。延段の角の石は大きさに少し変化をつけ、点対称に近い意匠にまとめている。また、灯籠の手前に近景として樹木をあしらった。

特徴：重点である灯籠の配置が良く、市松模様の角石を使った意匠がおもしろい。

問題点：手前の踏み出しの石に対して、奥側の市松模様の存在感が強く、バランスが悪い。

原案作品

手前出だしの角石を2枚に増やす

原案では市松模様の飛石が特徴的な庭がつくられた。この場合、少し奥側に力がかかっている印象がある。そこで、下図の赤線で示した部分のように、手前の角石を2枚に増やし、左側の自然石を角石に変えると良いだろう。なお、左側の角石は、自然石よりも短尺状の切石のほうが適している。ただし、全体的に平面の印象が強く出るので、右側に角石（赤印）を据えて高さを出した。境界は板塀が似合うかもしれない。

左右に近景を置き距離に変化をつける

敷地が狭いので板塀の外側に生垣を設けた。そして、灯籠の手前と右側に近景として樹木を置き、重要視点からそれぞれの樹木までの距離が等しくならないようにした。市松模様には芝生を植えているが、その他好みの地皮を植えても良いだろう。

灯籠をなくしてみる

全体の意匠を考えると、灯籠の代わりに石像を置いたり、あるいは灯籠そのものをなくしてしまうのも1案として良いだろう。同じ配置の中で、1つの素材が変わると、周りの素材にも影響を与えることに注意したい。

指導例③

特徴：水鉢の配置が良く、やわらかく、楽しそうな雰囲気の通路がある。

問題点：蹲踞の存在感が景石で失われている。

原案作品

通路も圧迫している

原案は、蹲踞を重点とした意匠だ。この作例の場合、蹲踞が周囲の景石（庭の要所に配す重量感のある自然石）に負け、重点としての存在感が失われている。特に、下図で示すように、蹲踞に対して横切るように置かれた手前の景石は避けたい。さらに、通路に対して左右に配置された景石も、通路を圧迫している印象がある。飛石も、少し右側に寄せても良いだろう。

景石を小ぶりにして
飛石の出だしを右側へ

右側の景石を小ぶりにして、少し右に寄せた。このとき、景石が水鉢や役石と並ばないように気をつけたい。また、飛石の出だしも右側に移動させた。

景石と役石の効果

上図左のように、景石を外すと蹲踞の印象がよりはっきりとした。しかし、この状態で構造物を完成とするのは、ややさみしい印象となる。一方、上図右のように蹲踞の役石を外すと、重点の存在感が弱々しくなった。

植栽を施す

植栽をすると、構造物のみの状態と比べて、目立っていた素材が落ち着いた雰囲気に変わった。重点である蹲踞の背景には、やはり重点らしく、他よりも多くの樹木を使いたい。

特徴：**秩父産の石材を用いた、凸部の石積に存在感がある。**
問題点：**未完成の作品で、石積凸部を設ける位置の検討が必要。**

原案作品

石積を設けた庭

石積を設けた庭の作例だ。この作例で気になるのは、石積が奥側に集中していることだ。また、右奥側にある石積の凸部も、より遠近の効果が出るようにしたい。

石積を延ばす

石積を手前まで延長したことで、奥側の集中は解消された。しかし、凸部の遠近の効果はまだ解決していない。

石積の遠近を強調する

石積の凸部を横向きに据えたことで、遠近の効果が強調された。

石積の見え方と奥行き感

凸部奥側、石積の見え方によって奥行き感が変わる。右図の赤で示した部分を比べるとわかるように、石積の陰で見えない部分が多い方が、奥行き感が増し、雰囲気も良く感じられる。

石積の凸部と
飛石の曲がりを調和させる

左図上では、石積の凹部（赤）によって
生まれた空間に、石積の凸部（青）が突
き出ることで、せっかく生まれた空間が
潰れ、窮屈な印象になってしまっている。
これを解消するためには、左図下のよう
に、石積の凹部をS字の形にすると良い
だろう。こうすれば、空間が潰れた印
象になるのを避けることができる。下図
は、石積の凸部を1つに絞って手前に配
置したもので、理想的な意匠の1つだ。

指導例⑤

特徴：石灯籠を含めた重点の配置が良く、長方形の石とゴロ
タ石、自然石の扱いに検討の楽しみがある。

問題点：水鉢と前石が離れすぎており、踏石の印象も弱い。

原案作品

蹲踞周りの構成と
踏石の出だし

重点として蹲踞を設けた庭の作例だ。
この作例で気になるのは、水鉢と前
石が離れ過ぎていること。さらに、踏
石の出だしも印象が弱いので、左図
の手前側の赤枠の位置にも石を加え
たい。ただし、六方石のかたまりは
奥側にもあるので、図の奥側の赤枠
の位置、前石の横にも据えると良い
だろう。左側にある自然石の向きは、
灯籠方向からの気勢に合わせたい。

低い袖垣でつくる近景

原案の気になる点を解消した上で、敷地の周囲をざっくりとした木製の垣根で囲った。さらに、右側の空間がさみしいので、低い袖垣を設けて近景の代わりとした。

重点と近景に植栽を施す

重点の蹲踞の周りに落葉樹3本を植栽し、そのうち1本を灯籠手前の近景とした。右側の袖垣も、それ自体で近景であるが、さらにその前側に小さな灌木をあしらい、印象をつけた。

特徴：重点に用いた蹲踞の、視点からの距離が良い。
問題点：蹲踞と灯籠の、視点からの距離に差がなく、存在感
が張り合っている。

原案作品

石の干渉と均整

原案では、小さな灯籠と蹲踞を左右に
配置し、延段を設けている。この作例
ではまず、水鉢手前の3つの飛石に注目
したい。下図左の赤で示した飛石の角
部分が干渉し、窮屈な印象を与えてい
る。次に、延段を見てみると、右奥側
の大きな角石に対する左側手前の印象
が弱く、均整が取れていない。さらに、
灯籠と沓脱石が視点に対して重なる（並
ぶ）位置となっていること、灯籠と蹲踞
の視点からの距離が等しくなっているこ
とも避けたい（下図右）。

石の大きさと配置を変えて
奥行き感を出す

左上図では、水鉢と灯籠を、視点からの距離に違いが出る位置へ移動させるとともに、延段の左側手前の石を変えた。さらに右上図では、延段の幅を狭くして、沓脱石や飛石も小さいものに変えた。これによって、沓脱石から蹲踞への距離が長くなり、飛石の数も増えたことで、奥行き感が出た。左下図では延段を省略した場合を描いてみたが、締まりがない印象になってしまった。予算が許すようなら、やはり延段か、あるいは犬走りはあったほうが良いだろう。

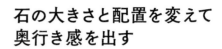

均整のとれた構造物の配置

沓脱石を少し右に寄せ、飛石、延段の左手前の角石、水鉢と灯籠の位置を調整した上で、塀を設けた。原案の問題点は解消されたが、より奥行き感が出る方法を検討したい。

指導例 ⑦

特徴：重点である水鉢と、少し距離をとった灯籠の配置、表面が加工されていない石積などが良い雰囲気をつくっている。

問題点：石積に不安定感があり、灯籠と水鉢、手前の石の存在感が張り合っている。

原案作品

石積の安定感と奥行き感を出す

原案は、斜めの石積が特徴的な作例だ。しかし、右図の赤線で示すように、石積の天端を斜めに積むと不安定に感じるので、これは避けたほうが良いだろう。また、赤線の石積と、黄色の線の石積には、10cmほど高さの差を設けることで、奥行き感を出したい。

石積を水平にする

右図では、奥側の石積を水平にしたことで、不安定感が解消された。ただし、このままでは水鉢と灯籠の存在感が手前の石材に負けているように感じられる。

石積の高さに差を設けて
灯籠の存在感を強調する

上図では、灯籠の奥で石積の高さに一段分の差を設けた。これにより、灯籠の存在感が少し強調された。

右図の赤線で示すように、灯籠と石積の角が直線上に揃わないよう、3cmほど位置をずらすと、灯籠の後ろの見えない部分の効果で、奥行き感が出る。

灯籠と石積を手前に出す

上図のように、石積の高さは変えず、灯籠と石積の一部を手前に出すことでも、灯籠の存在感を強調することができる。また、手前の石を少なくしたことで、全体がすっきりして、奥行き感が出た。

植栽を行い完成させる

石材の構成が完了した時点で、灯籠周辺の奥行き感は出ていたが、その左手前に細い株立ちを植えたことで、奥行き感が増した。また、右手前の石積と、そこに植栽されたカエデが近景となることで、より豊かな奥行きが表現できたのではないだろうか。

指導例⑧

特徴：水鉢と灯籠を含めた一構えの重点が良くできており、自然風庭園にふさわしい意匠となっている。

問題点：灯籠と水鉢、視点が直線上に並んでおり、通路の存在感が重点よりも強くなっている。

原案作品

重点の重なりと存在感の均整

原案は、灯籠と水鉢が特徴的な庭だ。この作例で気になるのは、下図で示すように、重要視点から灯籠と水鉢が重なって見えること（下図赤矢印）と、A周辺の通路の存在感が、重点である蹲踞より勝っていると感じられることで、この通路も少し力を抜くか、あるいは省略したい。

重点を絞らずに均整をとる

水鉢を少し右側へ移動させ、重点の重なりを解消するとともに、手前の角石に似た、小ぶりで1〜2割ほどの大きさの角石を図のAに配置した。24ページでは、庭づくりにおいて、重点は定めてぼかさないことが重要だと先述したが、ここではあえて重点を絞らず、蹲踞と通路の2つで均整をとっている。

存在感の強弱と視点からの距離

下図では、上図の意匠に加え、御簾垣（細い竹をすだれのように並べた垣根）を設け、やわらかい雰囲気の樹木を植栽した。さらに、右側の入隅にも石像を配置している。このとき右側に配置する素材は、必ずしも石像である必要はないが、いずれにしても左側の重点よりも存在感が強くならないよう注意が必要だ。

石像の位置も、例えば右奥の小ぶりな角石の辺りに置いてしまうと、重要視点から灯籠と石像への距離が等しくなり、互いの存在感が張り合って感じられるため、配置する場所を右奥の入隅にしている。また、これ以上素材を増やすと、うっとうしい印象となってしまうので気をつけたい。

自然風庭園で利用される樹種と形状

自然風庭園の植栽でよく利用される樹種は、落葉樹ではカエデ類、ヤマボウシ、クロモジ、コナラ、ソロ、シャラ、ツリバナ、ネジキ、ミツバツツジ、ドウダンツツジ、ナツハゼなど、常緑樹ではモッコク、ヤマモモ、ソヨゴ、カシ類など、中木類ではツバキ、キンモクセイ、ヒサカキ、シャリンバイなどだ。樹木や灌木などの外郭線（シルエット）についていうと、刈り込みばさみで手入れをしたのでは、野趣のある自然風は表現し難い

ので、手ばさみを使って、樹木がひとかたまりに見えないように、透かしを入れると良い。また、ツツジ類は、自然樹形でも外郭線が揃う種類が多いので多用は避け、できればアセビ、ヒサカキ、ヤマツツジ、カンツバキ、カルミアといった、形の整わない、少し乱れたものを用いると扱いやすいだろう。地被類については、このような雰囲気の庭であれば苔類、リュウノヒゲ、フッキソウ、ヤブコウジなどがふさわしいだろう。

ブロック塀の扱い

一般的に敷地周辺は、庭づくりを依頼された時点ですでにブロック塀のような囲いができていることが多い。そこで、右上図ではそのブロック塀の内側に御簾垣(みすがき)を設けた姿を描いてみた。右下図では御簾垣を取り去り、ブロック塀をそのまま生かす意匠とした。こうした、ブロック塀を生かした庭は一般的に見られるものであるが、印象はどう変わっただろうか。

刈り込み物の長所と短所

刈り込みばさみで手入れした樹形を多く
取り入れた場合、上図のようになる（上
図左はコンクリート塀、上図右は御簾垣の場
合）。こうすると、剪定や管理は楽になる
が、自然な雰囲気は薄れてしまう。刈り
込み物はこうした長所と短所をふまえて
上手に利用したい。

木賊垣を設ける

御簾垣やコンクリート塀に替えて、木賊
垣（竹を立てて並べた竹垣の一種）で庭を
囲った。その他、鉄砲垣や建仁寺垣など
の竹垣を用いた組み合わせも違和感なく、
自然風庭園らしい意匠といえるだろう。

おわりに

　ここまで、拙い文を読んでいただいた読者の方に感謝したい。この本では、自然を手本にした庭づくりをするにあたって、使用する素材やその配置の仕方を変化させることで、庭がどのように見え、感じられるかを表現した。ただし、筆者の能力では充分に表現できなかったことも多々あり、その点についてはご容赦いただきたい。

　この本が、これからの庭づくりを担う方々に何かを伝えることができたとすれば、筆者としては望外の喜びであるが、決して形だけ真似をすることなく、一度、自らの心に取り込み、その後に自分の物として作庭してもらえたらと願っている。

秋元通明

索引

秋元通明

東京生まれ。1962年に東京都立園芸高等学校卒業後、東京庭苑株式会社に入社。小形研三に師事し、師匠の指導の下、ハワイ大学東西文化センター庭園、指宿観光ホテル庭園、福武書店迎賓館庭園、沖縄海洋博植栽監理などを手掛ける他、個人庭園の設計、施工、管理も数多く手掛ける。著書に『作庭帖』『新 作庭帖』『今伝えておきたい、庭師のワザ』(いずれも誠文堂新光社刊)。

豊富な作例でわかる実践テクニック
自然風庭園のつくり方

2024 年 2 月 16 日　発　行　　　　　　　　　　　NDC629

著　　　者	秋元通明
発　行　者	小川雄一
発　行　所	株式会社 誠文堂新光社
	〒113-0033 東京都文京区本郷 3-3-11
	電話 03-5800-5780
	https://www.seibundo-shinkosha.net/
印刷・製本	図書印刷 株式会社

©Michiaki Akimoto. 2024　　　　　　　　　　　Printed in Japan

ISBN978-4-416-62355-8